煤炭高等教育“十四五”规划教材

煤及油气地质学概论

主　编　侯海海　聂明龙
副主编　王崇敬　付文钊　肖　斌

中国矿业大学出版社
·徐州·

内 容 提 要

本书主要概述了煤及石油天然气地质学的理论和方法。全书内容体系包括煤的形成，煤化作用，煤岩学，煤高效清洁利用，煤共(伴)生矿产，石油天然气的生成、运移、聚集成藏的基本原理以及油气分布的基本规律等知识单元。本书注重新概念、新理论在煤地质学和油气地质学中的应用，一定程度上反映了煤地质学和油气地质学的最新成果和进展。

本书可以作为高校能源地质和资源勘查专业高年级本科生的教材，也可供煤地质和油气地质专业研究生以及现场工程技术人员参考。

图书在版编目(CIP)数据

煤及油气地质学概论 / 侯海海，聂明龙主编. —徐州：中国矿业大学出版社，2023.6

ISBN 978-7-5646-5861-8

Ⅰ. ①煤…　Ⅱ. ①侯…②聂…　Ⅲ. ①煤田地质—高等学校—教材②石油地质学—高等学校—教材　Ⅳ. ①P618.110.2②TE14

中国国家版本馆 CIP 数据核字(2023)第 105833 号

书　　名　煤及油气地质学概论

主　　编　侯海海　聂明龙

责任编辑　何晓明　何　戈

出版发行　中国矿业大学出版社有限责任公司

(江苏省徐州市解放南路　邮编 221008)

营销热线　(0516)83885370　83884103

出版服务　(0516)83995789　83884920

网　　址　http://www.cumtp.com　**E-mail**:cumtpvip@cumtp.com

印　　刷　苏州市古得堡数码印刷有限公司

开　　本　787 mm×1092 mm　1/16　**印张** 10.25　**字数** 262 千字

版次印次　2023 年 6 月第 1 版　2023 年 6 月第 1 次印刷

定　　价　32.00 元

(图书出现印装质量问题，本社负责调换)

前　言

“煤及油气地质学概论”涵盖了大多数的沉积能源资源，是未来从事相关能源领域勘探开发工作的必要知识储备。该课程由原有的“煤田地质学”和“石油天然气地质学”两门课程合并升级而来。作为沉积盆地产物，煤和石油天然气在成藏条件和空间分布上既有相似点也有不同点：① 煤是固体，而油气是流体，在成藏机制和分布控制模式上差异很大。② 煤是一种固体可燃有机岩，是由植物遗体在温度、压力和时间作用下经过一系列复杂的生物化学、物理化学及地球化学作用转变而来的；油气是由沉积埋藏作用保存在沉积物中的生物有机质经过一定的生物化学、物理化学变化而形成的。③ 煤层气作为煤中重要的自生自储非常规天然气，其成藏地质和开发地质条件与常规油气有一定的相似性。在讲授和学习过程中，需注意两部分内容的融合、串并和对比。

本教材主体内容共9章，主要包括成煤原始物质与泥炭化作用、煤化作用和石墨化作用、煤的物理化学性质与岩石学组成、煤地质学在相关领域中的应用、油气成因与烃源岩、油气储集层和盖层、圈闭和油气藏、油气运移与聚集成藏、油气聚集单元与资源分布等。本教材既注重宏观与微观地质研究相结合，也加入了煤及油气地质学相关的新理论、新概念和新应用，一定程度上反映了相关领域的最新成果。

本教材入选煤炭高等教育“十四五”规划教材，由辽宁工程技术大学侯海海、聂明龙担任主编，山西工程技术学院王崇敬和辽宁工程技术大学付文钊、肖斌担任副主编。其中，侯海海负责煤地质部分的内容安排和编写，聂明龙负责油气地质部分的内容安排和编写。具体编写分工如下：前言由侯海海编写；绪论由侯海海、聂明龙、王崇敬、付文钊编写；第一章和第三章由侯海海、付文钊编写；第二章和第四章由侯海海、王崇敬、付文钊编写；第五章、第六章、第八章、第九章由聂明龙编写；第七章由聂明龙、侯海海、肖斌、付文钊编写；附录及图版由侯海海、王崇敬编写。全书由侯海海、聂明龙统稿、定稿。

在本教材编写过程中得到了辽宁工程技术大学及相关院校有关领导和同行的大力支持，得到了国家自然科学基金(42102223)和中国博士后科学基金

(2021M693844、2022T150284)的资助。辽宁工程技术大学梁国栋、赵威、张波、潘姿孜、陈泓圳、黄乡琴、唐泽豪、刘皓源、何倩、胡博、赵明恩、樊乐乐等参加了本教材的资料整理及图件清绘工作,在此一并表示感谢。

由于编者水平有限,书中难免存在疏漏之处,敬请读者批评指正。

编 者

2023年2月

目　录

绪　论

中国是世界上煤炭资源较丰富的国家之一，成煤期多，储量大，分布广，煤种齐全，开发条件较好。新疆、内蒙古、山西、陕西、宁夏、甘肃、贵州、河北、河南、山东等省区煤炭资源极为丰富。较为重要的聚煤期包括南方早石炭世，华北石炭-二叠纪，华南二叠纪，华南晚三叠世，西北早、中侏罗世，东北晚侏罗-早白垩世，以及东北、西南和沿海古近-新近纪，共 7 个主要聚煤期。聚煤作用的发生受控于地史期古构造、古地理、古气候和古植物等多种因素的综合影响。古植物是聚煤作用的物质基础，其发育、分布和演化与古气候和古地理关系密切，古构造则对聚煤盆地的发展和古地理环境的总体格局起控制作用。古植物类型影响着煤的成因分类，成煤原始物质以低等植物（如藻类）为主形成腐泥煤，以高等植物为主形成腐植煤或残植煤，当高等植物和低等植物均占重要地位时则形成腐植腐泥煤。成煤期古构造格局对聚煤规模的直接作用较小，但成煤后的构造改造对现今煤层展布的控制作用巨大，决定了煤化作用类型和煤级差异，在一定程度上影响着煤炭清洁高效综合利用。

石油和天然气作为一种重要的能源和战略资源，在当代社会和国民经济中占据极其重要的地位。石油和天然气是非常宝贵的燃料，从石油中提炼的汽油、煤油、柴油等是汽车、拖拉机、火车、飞机、轮船的优质动力燃料，超音速飞机、火箭、导弹、飞船等现代化设备的燃料也离不开石油产品。天然气是一种可燃气体，目前，主要用作燃料，具有热能高、污染小、使用方便等优点。在“碳中和”和“碳达峰”的国际能源环境背景下，天然气发挥着越来越重要的作用。全球天然气资源丰富，世界能源结构的演变趋势表明，天然气有可能成为未来能源消费的主导方向。中国能源赋存具有富煤、贫油、少气的特点，据全国常规油气资源动态评价成果（2007—2014），全国常规石油地质资源为 1 085 亿 t，其中可采资源量 268 亿 t，已累计探明地质资源量 360 亿 t，探明程度 33%，处于勘探中期；全国常规天然气地质资源量 68 万亿 m^3，可采资源量 40 万亿 m^3，已探明地质资源量 12 万亿 m^3，探明程度 18%，处于勘探早期。油气资源主要集中在 11 个大型含油气盆地，渤海湾、松辽、塔里木、鄂尔多斯、准噶尔、珠江口、柴达木等 7 个含油气盆地的石油资源量、储量和产量贡献超过全国的 80%；鄂尔多斯、四川、塔里木、柴达木、珠江口、琼东南、东海、莺歌海、松辽等 9 个盆地的天然气资源量、储量和产量贡献超过全国的 80%。石油与天然气勘探是油气工业的基础，油气地质学则是指导油气勘探的基本理论。

第一节　煤地质与油气地质学简史

一、煤地质学的发展史

煤地质学是研究煤炭资源地质的基础科学。18 世纪下半叶，工业革命中蒸汽机的广泛应用对煤炭资源的需求快速增长。为了寻找新的煤炭资源，欧洲一些国家相继成立了地质调查机构进行找煤、找矿地质工作，同期逐渐发展和形成了专门的地质学科——煤地质学。19 世纪中期，随着显微镜在煤炭微观研究中的应用，发现煤是从植物转变而来的，证明了煤的有机成因说。19 世纪末至 20 世纪初，电力、冶金和钢铁等工业飞速发展，加速了对煤炭资源的需求，德国、波兰、澳大利亚和美国相继开展了大型聚煤盆地、煤田的地质调查与研究，对含煤地层、构造和煤的成因与性质的研究加速了煤地质学的发展。20 世纪 30 年代以后，随着科学技术的进步，煤地质学也得到较为全面、系统的发展，如煤岩学和煤化学在研究煤的成因、成分、物理与化学性质、工艺性质的同时，引入其他相关学科进行综合性研究，强调煤质、煤层、含煤岩系的变化和分布规律与地质因素之间的关系。用岩石学方法研究煤的物理组成和类型的学科为煤岩学；用化学方法研究煤的元素组成和工艺性质的学科为煤化学。

20 世纪初，叶良辅、丁文江、冯景兰、斯行健、潘钟祥、谭锡畴、翁文灏、谢家荣等对我国部分地区的含煤地层、煤炭资源分布、含煤地层古生物、煤炭分类方法、煤岩组成等开展了煤地质学工作，但是系统开展煤地质研究和全国范围内的煤炭资源评价工作是在中华人民共和国成立之后才全面进行的。由原武汉地质学院煤田教研室于 1979 年和 1981 年编写的《煤田地质学》(上、下册)，对指导煤田地质工作和煤地质教学发挥了重要作用。20 世纪 80 年代，杨起和韩德馨主编的《中国煤田地质学》，凝聚了老一代煤地质工作者的心血，是多年来从事煤田地质研究工作的结晶，为我国煤地质学发展奠定了理论基础。1992 年，由邵震杰等编写的《煤田地质学》，及时吸收了沉积学的新理论和新进展，使得煤地质学的内容得到了更新和发展。2005 年，山东科技大学李增学主编的普通高等教育"十一五"国家级规划教材《煤地质学》，系统阐述了煤地质学的基本理论和方法，在本科生和研究生培养中发挥了重要作用。

二、油气地质学的发展史

油气地质学的发展与石油勘探实践息息相关。19 世纪 20 年代，石油地质学开始萌芽和形成，背斜学说提出背斜的顶部是勘探油气的最佳对象，在该理论的指导下世界上发现了一大批大型和特大型油田。后来随着勘探的深入，在背斜以外的构造中也发现了油气，如向斜、穹窿、不整合、断层等类型，进一步丰富了构造控藏理论。油气成因的认识也取得了一定的进展，如 1905 年德国学者波托尼发表了石油腐泥说的专论，苏联石油地质学家古勃金于 1908—1920 年提出了石油有机成因的理论体系。1917 年，美国石油地质学家协会成立，并创办了《美国石油地质学家协会通报》(*AAPG Bulletin*)，标志着石油地质学已经成为一门独立的学科，石油地质学的理论框架在当时已经基本形成。

20 世纪 20—50 年代，油气圈闭理论建立和形成，比较有代表性的有利莱(1928)的《石油和天然气地质学》、古勃金(1932)的《石油论》、泰拉茨乌(1951)的《石油地质学》、罗素(1951)的《石油地质学原理》、兰德斯(1951)的《石油地质学》和莱复生(1956)的《石油地质学》。1934年,美国学者麦考洛正式建立"圈闭学说",莱复生建立了比较完善的圈闭分类体系,油气勘探的领域随之扩大。20世纪60—80年代将有机地球化学分析测试技术引入油气地质,提出有机成因说和初次运移理论,建立了干酪根热降解生烃理论和石油生成模型,用来定量确定烃源岩的生烃潜力。同时形成了"源控论"的思想及盆地模拟方法等,提高了圈闭评价准确性和油气勘探的成功率。20世纪90年代以来,更多地关注油气从烃源岩到圈闭的成藏过程,油气成藏理论得到了迅速发展。Hunt(1990)提出了流体封存箱成藏理论,Magoon等(1991)进一步完善了Dow(1972)提出的油气系统的概念和研究方法,油气成藏动力学开始形成。

20世纪30年代,非常规油气研究逐渐得到关注。20世纪80年代以来,盆地中心气、煤层气、页岩气、致密砂岩气、页岩油等非常规油气资源逐渐成为全球油气储(产)量增长的重点领域和研究热点。1995年,美国联邦地质调查局(USGS)针对含油气盆地中致密砂岩、煤岩、页岩等储层(一般指储集层)中油气大面积聚集分布、圈闭与盖层界限不清、缺乏明确油气水界面等特点,提出了"连续型油气聚集"概念。随着中国非常规油气勘探开发的不断深入,邹才能等2014年出版了《非常规油气地质学》,康玉柱等2015年出版了《中国非常规油气地质学》。

科学不断发展,地学也在发展,煤及油气地质学也要与时俱进,理论和方法体系也应不断发展和完善。因此,煤及油气地质学必须适应国际地学发展的要求进行学科系统完善与改革,为培养新型能源地质人才做出贡献。

第二节　煤地质学的研究领域

煤地质学是应用地质学理论与方法研究煤层,含煤地层,煤盆地以及与煤共(伴)生的其他矿产的物质组成、成因、物理和化学性质及空间展布规律的学科。随着地球科学的发展,煤地质学的研究领域不断完善和开拓,各个研究方向日益深化,逐渐形成了系统完善的研究体系,主要包括如下研究领域。

1. 煤的物理组成和性质研究

根据研究属性和手段的差别,可分为两个方面:一类是将煤作为一种岩石,运用岩石学的研究方法,通过各种物理属性(如不同光性特征等),研究煤的物理组成和类型;另一类是借助其化学属性,运用化学分析的方法,研究煤有机和无机组分的化学工艺特征和组成,研究煤质特征及工业利用评价等,因而逐渐形成若干独立的学科,如煤岩学、煤化学、煤工艺学、煤质学、煤地球化学等。这一领域的研究,正在开拓着充分合理利用煤炭资源的新途径以及许多现代技术的研究方法。

2. 成煤作用研究

主要研究由植物转变成煤的成煤作用过程,研究这一复杂作用过程不同阶段的特征、条件、影响因素,阐明煤的形成演变原因,以及不同成因的煤、不同煤类和煤质的变化规律,为煤质评价和煤类、煤质预测提供科学依据，为探寻和开发煤炭资源新用途服务。

3. 煤层及煤系沉积学研究

煤作为沉积成因的固体可燃有机矿产，首先受到沉积学规律的控制。因此，研究煤、煤层、煤系堆积时的沉积作用、沉积体系特征，阐明不同沉积体系的形成演化对煤的物质组成、煤层和煤系的形成及分布的控制，形成含煤性预测的基础。

4. 聚煤盆地研究

煤层、煤系形成时和形成后的演变，特别是构造（即影响形成的古构造和影响形变的后期构造）控制的研究，是含煤性最终预测及评价煤炭资源开发利用的重要问题。在聚煤盆地形成与演化的控制因素中，构造因素起主导作用。欲阐明煤在地壳中的聚集分布规律，就需要研究聚煤盆地的成因、类型及其与构造的关系，必须对煤层的赋存变化进行构造预测。

5. 煤聚集与分布规律研究

聚煤规律研究是当今煤田地质学指导煤炭资源寻找和预测的基础，它运用多学科手段，在区域地质研究的基础上，借助煤盆地分析方法和原理，研究煤在地壳特定位置中的聚集和分布规律，从而为有效地开展煤田地质工作、科学预测煤炭资源及开发利用条件提供依据。

本教材作为煤地质学的基础概论，侧重于前两方面，煤层及煤系沉积学、聚煤盆地和煤聚集与分布规律等内容可以参考相应的研究著作。

煤不仅是一种重要的固体可燃有机岩，而且作为泥炭的产物和重要沉积载体，同时记录着地质历史时期地球表层系统变化和各类地质事件的“深时”古气候信息。除上述基本研究领域外，近年来随着煤地质学的发展，巨厚煤层成因、煤系共（伴）生矿产资源、煤的清洁高效利用、煤层气勘探开发新理论和新技术、深部煤层 CO_2 地质封存、基于煤岩学的“深时”古气候信息挖掘和大数据驱动下的含煤岩系定量古地理等方面成为新的研究热点。

第三节　油气地质学的研究领域

油气地质学是研究地壳中石油和天然气形成及分布规律的一门地质科学，它是石油及天然气地质勘探以及油气田开发的重要基础理论。其研究内容包括石油和天然气的成因、油气藏的形成条件、成藏机理与分布规律以及油气资源评价。石油和天然气深埋地下，要勘探寻找地下的石油和天然气，必须首先搞清油气在地下是如何分布的，其富集受哪些地质因素的控制，明确这些问题才能清楚去何处寻找油气藏，这就是油气地质学的主要任务。

1. 油气成因问题

油气成因机理是油气地质学的基本内容，主要研究油气如何生成问题，包括生成油气的原始物质、油气生成机理以及烃源岩特征和它们的空间分布，也有烃源岩评价方法与标准问题，这些内容对指导油气勘探具有重要意义。

2. 油气藏形成条件

油气藏是地下油气分布的最小地质单元，要形成油气藏就要有储集层、盖层和圈闭等基本的地质条件。储集层是油气储集的地方，盖层是覆盖在储集层之上防止油气向上散失的岩层，圈闭由储集岩、盖层和遮挡条件所构成的适合油气聚集的场所，是油气井钻探的直接目标，研究储集层、盖层和圈闭的类型、形成地质条件、分布规律是油气地质学的主要内容。

3. 油气成藏机理

油气是流体，可以发生运移，油气生成的地方可能并不是它现在聚集的地方。烃源岩生成的油气经过运移进入圈闭后，才能聚集起来形成油气藏，油气运移和聚集过程十分复杂，其中涉及油气运移的相态、动力、通道、方向、时间、距离等，油气藏形成后还可能遭到破坏，再次聚集形成油气藏。这些是油气地质学重要的理论问题。

4. 油气分布规律与资源评价

油气分布是油气生成、运移、聚集和保存条件的综合反映。了解油气分布规律，总结控制油气分布的地质因素，进行油气资源评价，是油气地质学的核心研究内容之一，也是油气地质学研究的根本任务。

我国油气地质学家把油气地质学研究内容用“生、储、盖、圈、运、保”六个字来生动地概括。在搞清了这些问题的基础上，才可以指导油气勘探和开发工作。

第四节　煤地质学研究新进展

经过对2011—2020年《国际煤地质学》(*International Journal of Coal Geology*)上发表的论文数据统计(表0-1)，煤岩学和有机地球化学是研究的热点，发文数量最多；其次是煤系气、煤中矿物质、微量元素与地球化学和沉积环境方向，一直为人们所重视；煤炭开采及矿井水方向的研究一直在持续开展；煤炭洁净化利用、煤地下气化及煤自燃和古生物方向的论文数量相对较少。

表0-1　2011—2020年《国际煤地质学》不同煤地质研究方向发文数量统计结果(鲍园等，2021)

研究方向	年份						合计
	2011—2015	2016	2017	2018	2019	2020	
沉积环境	38	22	21	25	16	22	144
煤岩学和有机地球化学	124	36	40	63	53	53	369
煤中矿物质、微量元素与地球化学	87	32	23	32	19	20	213
煤系气	189	33	16	30	27	25	320
地下气化及煤自燃	35	8	7	10	2	4	66
煤炭洁净化利用	0	7	17	4	1	7	36
古生物	19	3	2	4	3	4	35
煤炭开采及矿井水处理	67	22	15	8	14	11	137
其他	69	5	2	7	4	5	92
总计	628	168	143	183	139	151	1 412

注：表中单位为篇。

1. 煤岩学和有机地球化学

(1) 煤岩学

煤岩学把煤作为有机岩石，以物理方法为主，研究煤的物质成分、结构、性质、成因及合理利用。近年来主要是对煤层的煤岩学性质、成因及意义开展研究，在煤岩学的地质应用与分析和测试手段方面也有新的突破，如利用拉曼光谱技术和计算机断层扫描技术对煤大分子结构和煤的表面韧性变形、弹性模量等参数进行表征。此外，利用煤岩学理论知识对不同显微组分构造煤形成内在机理、甲烷吸附差异的内在表现、煤的清洁高效利用等方面研究也有一些新的认识和见解。

(2) 有机地球化学

有机地球化学研究包括煤和岩层中有机组分的组成和地球化学特征及有机质生烃潜力等方面。由于拉曼光谱具有快速、可靠和非破坏性的特征，近年来应用拉曼光谱技术在有机质的成熟度方面研究非常热门，通过拉曼光谱可以测量笔石的有机成熟度、借助镜质体反射率表示的热成熟度可以快速确定富含有机物泥岩中干酪根的热成熟度、利用分散的干酪根可评价元古代岩石中无序的碳质物质热成熟度、基于拉曼光谱成熟度指示值和镜质组反射值之间的相关性可对不同干酪根类型的成熟度进行评估。

2. 煤系气

煤系气研究主要涉及煤层气的生成、赋存，煤储层物性特征，煤层气运移与开发等方面。如利用全尺度物性表征技术研究开发过程中煤的孔隙度和渗透率动态变化特征。前人对直接影响煤层气储量大小的甲烷吸附能力也做了不少的研究，如木质素的大分子结构和化学性质、碳含量、显微煤岩组分、水分、灰分、煤体结构以及煤阶都会影响甲烷在煤中的吸附能力。另外，在甲烷和其他气体在煤层中的竞争吸附、致密砂岩气和煤系页岩气成藏过程等方面也有一定的研究。

3. 煤中矿物质及其组成

矿物质是煤中一个重要的无机组成部分，关于煤中矿物质与地球化学的研究主要集中于煤田或含煤盆地的矿物种类、来源与地质意义、矿物的赋存特征以及矿物在利用中的变化。一些新的研究方法和手段也应用于煤田或者含煤盆地的矿物研究中，有学者提出采用有机岩石学、有机地球化学、光学和光谱学多学科方法可以更加准确地研究煤和泥岩的显微组分(干酪根或有机质类型)、矿物组成以及相关孔隙度和孔径分布特征。

4. 古环境、古气候、古植物

古环境、古气候和古植物研究是煤地质学的重要基础，研究技术也出现了一些新的方法和手段，如综合利用古生物、地球化学、矿物学和煤岩学数据重建沉积条件和确定研究煤层的年龄；如果研究地层中包含煤层，煤的分析有助于对海平面的相对变化进行解释。还有学者将孢粉和其他类型有机颗粒的定量分析方法应用于有机质组合变化研究及评价其变化背后的驱动力。此外，稳定同位素技术和拉曼光谱技术也应用于成煤环境研究，如受海洋影响产生的煤的$^{87}Sr/^{86}Sr$记录可以作为指示器和计时器给地质事件和过程提供一个时间框架；拉曼光谱可在 70～300 ℃的温度范围内建立地热计，也可用于评估岩浆侵入煤层经历的最高温度。

第五节　油气地质学研究新进展

海域深水(含北极)、陆上深层-超深层和非常规油气是未来油气勘探的三大领域。海域勘探程度低、资源潜力大。巴西东部深水区盐下、西非海域、墨西哥湾、巴西近海、澳大利亚西北陆架、挪威中部陆架、巴伦支海、孟加拉湾、缅甸湾、中国南海以及日本海等超深水区,波弗特海的北极斜坡盆地、巴伦支海盆地和喀拉海等环北极深水盆地群,日本海盆地、澳大利亚东南部的吉普斯兰盆地等滨西太平洋低勘探程度深水盆地群区域,都是极具勘探潜力的地区。从盆地类型来看,主要为被动陆缘盆地,如大西洋沿岸、印度洋西岸的大量被动大陆边缘盆地,其次是弧后盆地。因此,被动大陆边缘盆地烃源岩、储集层和盖层的特征与油气分布规律,是海域油气地质研究的重要内容。

近年来,我国在深层发现了一系列大型油气田,油气勘探发现深度不断推进。2023 年,位于塔里木盆地顺北地区的新钻井跃进 3-3 井正式开钻施工,其设计井深达 9 472 m,将刷新亚洲最深井记录。由于沉积盆地深层经历了长期构造演化,温压场与应力场变化大,地质结构多变,油气成藏过程复杂,深层油气勘探面临着一系列关键地质问题。深层古老烃源岩发育,成烃机制及其演化,深层储集体的形成机制与分布,深层油气成藏机制,多期叠加、改造背景下油气聚集与分布规律等科学问题均需要深入研究。

非常规油气资源潜力巨大,全球正在形成西半球的美国、东半球的中国两大非常规油气战略区,预测 2040 年世界非常规油气产量占总产量比例将由目前的 10%升至 30%。非常规油气突破了传统石油地质学“生、储、盖、圈、运、保”概念,开拓了泥页岩、致密砂岩、煤层等烃源岩层找油找气新领域,找油思路也从“油气藏”深入“油气层”,引发了石油工业科技革命。非常规油气地质学等新学科正在突飞猛进发展,成为目前的研究热点。

第一章　成煤原始物质与泥炭化作用

煤是一种固态的可燃有机岩，由有机物质和无机物质共同组成。在显微镜下可见煤中保存有植物的木质纤维组织、木栓层、角质层、蜡质层、树脂、孢子、花粉以及菌类、藻类等有机物质，还有混入的矿物质，如黏土矿物、石英、方解石、黄铁矿等。煤是植物残骸经过复杂的生物化学、物理化学以及地球化学变化转变而来的，在这个转变过程中所经受的各种作用总称为成煤作用。

成煤作用大致可分为两个阶段（图 1-1），第一阶段主要发生在地表的泥炭沼泽、湖泊以及浅海滨岸地带，植物死亡后的遗体在各种微生物的参与下，不断地分解、化合、聚积，在这一阶段中起主要作用的是表生的生物地球化学作用，使低等植物转变为腐泥，高等植物则形成泥炭，因此成煤作用的第一阶段称为腐泥化阶段或泥炭化阶段。已形成的泥炭或腐泥，由于地壳沉降等原因而被沉积物覆盖掩埋于具有一定温度和压力的地下深处，成煤作用就进入第二阶段，即煤化作用阶段。煤化作用具体包括煤的成岩作用和变质作用。泥炭转变为年轻褐煤所经受的作用，称作成岩作用；从年轻褐煤再转变为老褐煤、烟煤、无烟煤所经受的作用，称为变质作用。此后，煤进一步演变为石墨，称为石墨化作用，狭义上由于石墨不再属于煤，所以煤的变质作用不包括石墨化阶段（图 1-1）。

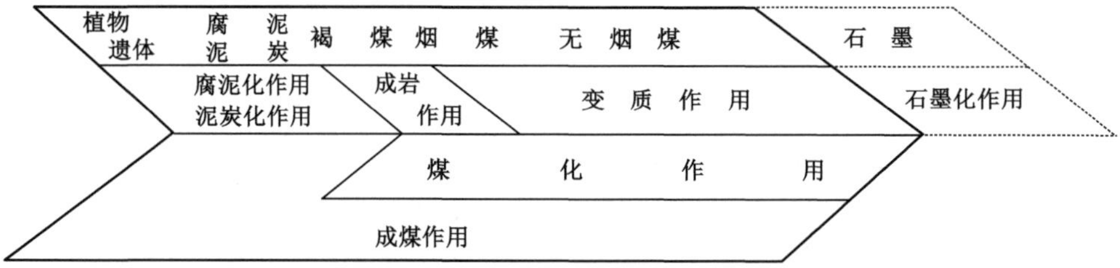

图 1-1　成煤作用的阶段划分及石墨化作用

（李增学等，2009；有修改）

第一节　成煤物质与植物演化

成煤的原始物质主要是植物，这种煤的植物成因观点虽然早在 18 世纪初就有人提出，但直到 19 世纪 30 年代由于显微镜技术的广泛应用才得到公认。

由于植物是成煤的主要原始物质，因此植物界的发展和演化必然影响着地史时期的成煤特征。植物界可分为低等植物和高等植物两大类别，属于低等植物的有藻类和菌类，在地史的早期(即元古宙到早泥盆世),它们曾构成了当时植物界的主体,成为植物发展演化的菌藻类植物时期。它们是由单细胞或多细胞构成的丝状体和叶状体植物,还不具备各种植物器官的分化,由柔软的组织形成,构造简单,多生活于水体中。随着地史的演化,相继出现了以高等植物占主导地位的时期,即裸蕨类植物时期,蕨类、种子蕨类植物时期,裸子植物时期和被子植物时期。高等植物是由一些低等植物历经长期演变而来,在形体结构和生理功能特征上都比低等植物更加复杂。如种子植物,包括裸子植物与被子植物,有了根、茎、叶、花等器官的分化,并用种子繁殖。

植物演化与成煤作用具有密切关系,没有植物的发育,地质历史中就不可能有聚煤作用的发生。植物演化具有明显的阶段性,因此,成煤作用也就具有阶段性。

1. 菌藻类植物时代

早泥盆世以前为低等植物发育时代,还没有高等植物出现,因此不可能有大规模的聚煤作用发生。由低等植物经过一系列变化形成的煤,其灰分很高,有一定的发热量,这类煤称为“石煤”,如我国南方早古生代的石煤。

2. 裸蕨植物时代

晚志留世至早中泥盆世为世界上最古老的陆生植物时代。植物经过漫长的发展演化,逐步从以水生为主迁移到陆地生长,这是重要的植物演化飞跃。植物由水生到陆生的转化过程,是植物由低等向高等发展的重要转折时期。裸蕨类植物是地质历史上最早的陆生植物,其特点是高度不足 1 m,还没有真正的叶、根之分,只在地下有一种假根。因此,裸蕨植物仍然是比较原始的植物。

3. 蕨类、种子蕨类植物时代

晚泥盆世至晚二叠世早期是高等植物发育、发展和演化的最重要时期,以孢子植物蕨类和裸子植物的种子蕨为主。这个时期的气候温暖潮湿,适合植物生长,在全球范围内比较一致。典型的植物是高大的乔木,其高度达 30 m 以上。石松类植物如鳞木、封印木等,节蕨类植物如芦木等,种子蕨类植物如科达。石炭-二叠纪是全球范围内最重要的聚煤时期,地势比较平坦,植物繁盛,聚煤作用强,为第一大聚煤时期。

石炭-二叠纪是我国最早和最重要的聚煤时期,形成了分布广泛的聚煤盆地和含煤地层,特别是我国华北和华南地区,含煤地层分布稳定,煤质好,形成了我国重要的煤炭开发基地,如我国鄂尔多斯盆地、华北盆地、华南盆地等,都是大型的石炭-二叠纪聚煤盆地。

4. 裸子植物时代

自晚二叠世晚期至中生代是植物演化又一个非常重要的时代,为裸子植物最为繁盛的时代。由于海西运动和印支运动的影响,陆地面积扩大,地势变化大,地形高差分化明显,气候也随之发生变化。这个时期的主要特点是:地球上干旱气候带扩大,石炭-二叠纪的植物群逐渐衰落,由蕨类植物进入裸子植物繁盛时期。

这是地质历史时期又一个重要的聚煤期,侏罗纪和早白垩世被认为是世界上第二个重要的聚煤期。在我国,侏罗纪是最为重要的聚煤时期,特别是我国西部地区,侏罗纪煤炭储量占我国煤炭总储量的 60%左右。

5. 被子植物时代

早白垩世以后至古近纪、新近纪，植物进入高级发展阶段。这个时期构造活动更加强烈，气候分带也更加明显。这个时期被称为世界上第三个重要的聚煤时期。

由以上分析可以看出，地质历史时期的聚煤作用是与地质历史中植物演化密不可分的，植物的演化和发展决定了聚煤作用的发生，因此要首先研究植物的发育及其控制因素，将植物演化研究与地质历史发展、盆地聚煤作用紧密结合起来，进而阐明聚煤作用的机制。

第二节　泥炭沼泽及类型

一、泥炭沼泽及其形成条件

沼泽是地表土壤充分湿润、季节性或长期积水，丛生着喜湿性植物的低洼地段。如果沼泽中形成并积累着泥炭，则称为泥炭沼泽。泥炭沼泽既不属于水域，也不是真正的陆地，而是地表水域和陆地之间的过渡形态。

泥炭沼泽的形成和发育是地质、地貌、水文、土壤、植物等多种自然因素综合作用的结果。

构造运动对泥炭沼泽发育的影响，主要表现为断裂或节理裂隙所构成的破碎带，经风化剥蚀而发展成洼地，形成汇水地区，从而为泥炭沼泽的形成提供了地貌、水文条件。地壳升降运动的幅度、速度、频率等，影响泥炭沼泽的形成和泥炭层数及厚度。一般来说，地壳上升，往往引起侵蚀作用增强，地下水位下降，不利于泥炭沼泽的形成；如果地壳沉降速度与植物堆积的速率相对平衡，在地面平坦的低洼地段造成地区泄水条件不畅，有利于泥炭沼泽的发育。

地壳运动常伴有岩浆活动，其中火山喷发往往形成火山口湖，这就为泥炭沼泽的形成提供了空间。此外，岩浆溢出，也可造成熔岩堰塞湖形成，加之火山活动造成土质及大气等许多有利于沼泽植物繁衍的条件，这些湖泊常演化为泥炭沼泽。

自然地理、地貌条件与泥炭沼泽的形成有密切关系。首先，发育泥炭沼泽应有缓慢沉降的低洼地带，这种洼地有利于水的汇聚而不利于水的排泄，基底的缓慢沉降，使地下水位能保持缓慢速度持续抬升；其次，泥炭沼泽发育地区大多与活动能量大的水体（如海、湖、河）之间以一定形式的保护屏障形成相对隔离的地带，被沙坝或沙嘴或沙滩阻隔，如相对分离于开阔海域以外的海湾潟湖地带、天然堤与活动河道分离的河后沼泽及废弃河道等；再次，泥炭沼泽发育的地带，大多为地表地形高差变化不大且地表宽缓低平、能量低的地带。

二、泥炭沼泽类型

1. 按照泥炭沼泽表面形态和水源补给以及养分和植被等特征划分

通常将泥炭沼泽划分为三种类型，即低位泥炭沼泽、中位泥炭沼泽和高位泥炭沼泽（图 1-2）。

（1）低位泥炭沼泽（富养沼泽）

这种沼泽类型多处于泥炭沼泽发展的初期。低位泥炭沼泽的表面泥炭层厚度较薄且尚未改变原有的地表低洼形态。地表水和地下水作为丰富的补给水源，潜水位较高或地表有

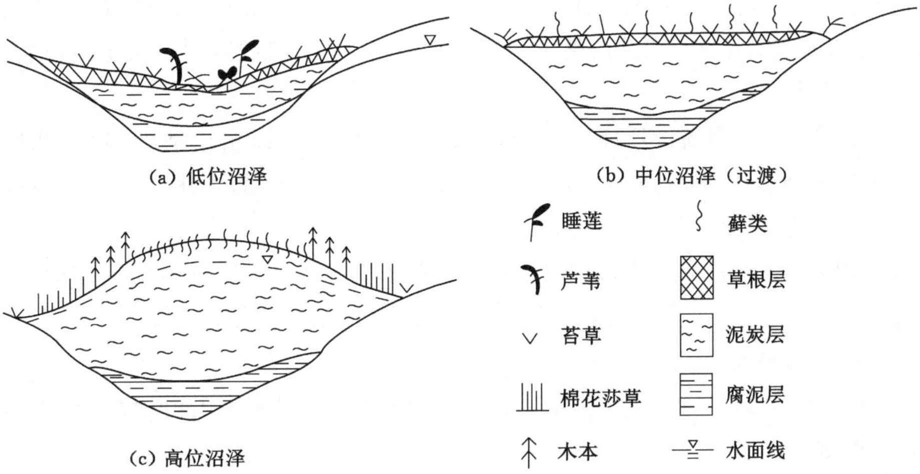

图 1-2　不同发育阶段的泥炭沼泽示意图

（李增学等，2009）

积水，溶于水中的矿物质养分丰富。沼泽多为中性或微碱性，pH 值为 7～7.8，沼泽植物要求养分较多，种属较丰富。

由于低位泥炭沼泽富营养，所以有人称为富营养泥炭沼泽。因此，在这类沼泽中高等植物容易大量繁殖，形成茂密的植被，这就为泥炭形成提供了有利条件。在低位泥炭沼泽中形成的泥炭，灰分较高，沥青质含量低，焦油产出率较低。我国第四纪泥炭形成于这种类型沼泽的约占 90%，在地史中各成煤期内也大多形成于这种泥炭沼泽类型。

（2）高位泥炭沼泽（贫养沼泽）

这种类型的泥炭沼泽往往处于泥炭沼泽演化的后期。沼泽主要是由大气降水补给，沼泽的水面位于潜水面之上，水中缺少矿物质养分，因而有人称为贫营养泥炭沼泽。高位泥炭沼泽在发展演化中，泥炭积累速度与养分的供给状况发生了变化，即在沼泽的边缘地带，易得到周边流水所携带的丰富营养；而中心地带则难以得到富养分的地表水和地下水的补给，仅靠大气降水补给，促使贫营养植物首先出现于中心地带。中心地带植物残体分解速度慢，使得泥炭增长速度快，与沼泽周边相比，泥炭积累快，于是形成了高位泥炭沼泽中部高出周边的特有剖面形态。在这类沼泽中生长的植物多为草本或藓类植物，种属较为稀少，多发育在地势较高且较冷和较潮湿的气候条件下。

（3）中位泥炭沼泽

这类泥炭沼泽多出现于前两类沼泽的过渡时期，在特征与性质上具有过渡特点，因此又称为过渡类型或中营养泥炭沼泽。这类泥炭沼泽的表面，泥炭的积累趋于平坦或中部轻微凸起，地表水和地下水通过周边的泥炭层时，其中的水分和养分被部分吸收（到达中心地带的已大为减少），因而潜水位变低、营养状况变差，泥炭层也处于中性到微酸性，植被以中等养分植物为主。

2. 按植被生长情况划分

按植被生长情况分为草本沼泽、泥炭藓沼泽和木本沼泽。

① 草本沼泽：是典型的低位沼泽，类型多、分布广，常年积水或土壤透湿，苔草及禾本科植物占优势，几乎全为多年生植物，很多植物具根状茎，常交织成厚的草根层或浮毡层，如芦苇和一些苔草沼泽。

② 泥炭藓沼泽：又称高位沼泽，主要分布在北方针叶林带，由于地处多水、寒冷和贫营养的生态环境，泥炭藓成为优势植物，还有少数的草本、矮小灌木及乔木能生活在高位沼泽中，如羊胡子草、越橘、落叶松等。

③ 木本沼泽：又称中位沼泽，植被以木本中养分植物为主。沼泽地是纤维植物、药用植物、蜜源植物的天然宝库，是鸟类、鱼类栖息、繁殖和育肥的良好场所。

3. 依据沼泽的水动力条件分类

依据沼泽的水动力条件、岩性组合以及沉积物特征，可划分为闭流沼泽、覆水沼泽和泥炭沼泽三种类型。

① 闭流沼泽：以深灰色、黑色粉砂岩、黏土岩和粉砂质黏土岩为主。闭流沼泽中水体较浅，水介质运动微弱，一般层理不发育，含有丰富的植物根、茎化石，甚至可见保存完好的直立植物根化石，常见菱铁矿、黄铁矿结核，局部可能保存少量的淡水动物化石。多发育在聚煤作用的早期，在含煤地层中多见于煤层底板，煤层顶板和夹矸中也可见到。在我国华北地区北部二叠系山西组中较常见。

② 覆水沼泽：覆水沼泽中的水体相对较深。沉积物以黑色碳质泥岩、碳质页岩为主，局部粉砂质含量较高，常发育水平层理或缓波状层理，层面上常保存大量的炭化植物叶、茎碎片，偶含淡水动物化石，也含菱铁矿和黄铁矿结核。多发育在聚煤作用的晚期，在含煤地层中多见于煤层顶板，煤层底板和夹矸中也可见到。

③ 泥炭沼泽：泥炭沼泽是介于闭流沼泽和覆水沼泽发育期之间的特殊地质阶段，是地质历史上的主要聚煤环境。这里的泥炭沼泽指的是狭义说法，有时会将所有沼泽统称为泥炭沼泽。

4. 依据水介质的盐度分类

可以划分为三种类型：淡水沼泽、半咸水沼泽和咸水沼泽。淡水沼泽在成煤沼泽中占重要地位，由湖泊演化成的沼泽以及河流两侧的泛滥平原沼泽一般都是淡水沼泽；而在滨海环境下，三种类型的沼泽都可以发育，但以半咸水和咸水沼泽为主。

5. 依据成因环境分类

根据与其他环境的成因联系，可以把沼泽分为河漫滩中低洼地带形成的河漫沼泽，湖泊充填演化而成的湖成沼泽，以及在海洋沿岸地带的滨海平原、潟湖、海湾、潮坪等场所演化形成的滨海沼泽等。

第三节　泥炭化作用和腐泥化作用

高等植物死亡以后，变成泥炭的生物化学作用过程称为泥炭化作用，这里的生物化学作用包括了生物化学分解和生物化学合成。泥炭沼泽的垂直剖面一般可分为三层：氧化环境的表层、中间层以及还原环境的底层。

过去对煤主要由植物的哪些有机组分变成的争议很大。有人认为，煤主要是由植物的木质素形成的；也有人认为，煤主要是由纤维素形成的。近代研究资料表明，植物所有的有机组分和泥炭沼泽中的微生物都参与了成煤作用，而且各种组分对于形成泥炭与泥炭进一步转变为煤的过程都有影响，它们在不同程度上决定着煤的性质。泥炭形成过程中，有机组分的变化是十分复杂的。一般认为，泥炭化过程的生物化学作用大致分为两个阶段：第一阶段，植物遗体中的有机化合物经过氧化分解和水解作用，转化为简单的化学性质活泼的化合物；第二阶段，分解产物相互作用，进一步合成新的较稳定的有机化合物，如腐植酸、沥青质等。这两个阶段不是截然分开的，在植物分解作用进行不久后，合成作用也就开始了。

与泥炭化作用对等的是腐泥化作用，低等植物（藻类）和浮游生物遗体在滞留还原环境和厌氧微生物参与下，经过复杂的生物化学变化形成的富含水分的有机软泥（腐泥）的过程，称为腐泥化作用。

腐泥是在滞水条件下堆积的有机软泥。腐泥可以形成在沼泽的深水地带或逐渐沼泽化的丛生湖泊中，也可以形成在淡水湖泊和半咸水湖泊、潟湖和海湾中。腐泥有机质的来源主要是水中浮游生物，包括绿藻、蓝绿藻等群体藻类和浮游的微体动物等，还有水底和浅水的植物群，有时也混入一些被风和水带来的高等植物遗体如孢子、花粉、角质膜和植物组织的碎片等。腐泥中常含有细小的泥质和砂质颗粒。

在停滞的缺氧水体里，浮游生物和菌类死后的分解产物相互作用，沉向水底。在缺氧的还原环境中，主要发生厌氧性细菌的作用，低等植物中的蛋白质、碳水化合物、脂肪等遭到分解，经过聚合作用和缩水作用，形成一种含水很多的棉絮状胶体物质。这种物质再经过进一步变化，去水和密度加大，逐渐形成腐泥，亦即腐泥煤的前身。

由于形成物理化学条件差异和作用对象的不同，泥炭化作用和腐泥化作用可以分为几类具体作用方式。

1. 凝胶化作用

凝胶化作用是指植物的主要组成部分在泥炭化过程中经过生物化学变化和物理化学变化，形成以腐植酸和沥青质为主要成分的胶体物质（凝胶和溶胶）的过程。凝胶化作用发生在沼泽中较为停滞、相对较深的覆水条件下弱氧化至还原环境，在厌氧细菌的参与下植物的木质纤维素组织一方面发生生物化学变化，另一方面发生胶体化学变化，导致物质成分和物理结构两方面都发生变化。另外，植物的木质纤维素组织在沼泽水的浸泡下吸水膨胀，并通过真菌和细菌的作用在形成腐植酸等物质的同时还经历着一个胶体化学的变化过程。鉴于这一总过程既有微生物活动而引起的化学成分的变化，又有胶体化学的变化，故全称应为“生物化学凝胶化作用”。

2. 丝炭化作用

丝炭化和凝胶化物质一样，主要也由植物的木质纤维素组织转变而形成，从有机组成来看主要也是植物细胞壁中的木质素和纤维素。丝炭化作用发生在沼泽中相对较浅的覆水环境、氧化甚至火焚条件下。丝炭化作用形成了与凝胶化物质性质完全不同的物质，这些丝炭化物质的共同特点是碳含量高而氢含量低。丝炭的成因（氧化丝炭和火焚丝炭）目前还有一定争议，但目前国际上更趋向于古火灾的副产物。事实上，氧化丝质体保存得很差，多数丝质体的反射率通常高于镜质组。因此，煤中所有观察到的丝质体都可以用野火活动来解释。

3. 残植化作用

残植化作用可认为是泥炭化作用的一种特殊情况，即在泥炭化过程中水介质流动通畅、经常有新鲜氧气供给的条件下，凝胶化作用和丝炭化作用的产物被先分解破坏并不断被流水带走，使植物残体中的稳定组分大量地集中形成残植煤的过程。因此，残植煤的形成条件是要有较多的稳定组分和有利于稳定组分富集的环境。煤中的稳定组分是由植物体中的角质膜、树脂、树蜡、木栓质和孢粉质等成分转化而成的。

第四节　煤的成因分类

煤的形成过程，包括泥炭化作用、腐泥化作用阶段，以及随后发生的煤化作用阶段。在考虑成煤原始物质和堆积环境的基础上，德国的古植物学家波托涅在1910年最早进行煤的成因分类，分为腐植煤、腐泥煤和残植煤。考虑到残植煤也是在沼泽中由高等植物形成，因而应该并入腐植煤类。此外还发现了许多腐泥、腐植的混合类型，这些煤中高等植物和低等植物残体转化成的组分都占有重要地位，有些组成部分还常常难以确定其原始物质的类别，所以就有必要分出过渡的类型。本书使用的分类见表1-1。

表1-1　煤的成因分类(李增学等,2009)

大类	类型	成煤原始物质的类别和聚积环境
腐植类	腐植煤	高等植物在沼泽环境中形成
	残植煤	
腐植腐泥类	腐植腐泥煤	高等植物和低等植物都占重要地位，聚积于湖、沼过渡环境
腐泥类	腐泥煤	低等植物和少量动物在湖泊或沼泽中积水较深部位形成

以上分类主要依据成煤的原始物质和总的聚积环境。腐植煤类是高等植物在沼泽条件下聚积而成的；腐泥煤类则是低等植物包括少量水生动物在湖泊等较深的水体中形成的；腐植腐泥混合类在原始物质和聚积环境上都处于上述二者过渡的情况，实际上这种煤在煤层中多作为夹层或凸镜体存在，横向上过渡为其他煤种。

一、残植煤

残植煤主要由高等植物中的稳定组分富集而成，在典型的残植煤中稳定组分含量一般都在50%甚至60%以上。残植煤常呈薄层或透镜体夹在腐植煤中，有时也能单独构成具有工业价值的煤层。残植煤光泽较暗，或具油脂光泽，韧性较大，化学工艺性质的特点是挥发分高、氢含量高、焦油产率高，与腐泥煤相近。根据残植煤的主要稳定组分可分为角质残植煤、树皮残植煤、孢子残植煤和树脂残植煤等几种类型。

1. 角质残植煤

云南禄劝泥盆纪地层中有典型的角质残植煤，成煤植物以裸蕨为主。煤呈灰黑色或褐黑色，光泽暗淡，新鲜断面具油脂光泽，叶片状结构，往往沿层理剥成薄片，坚韧稍具弹性，易燃有沥青味。俄罗斯库兹涅茨克煤田也有由泥盆纪裸蕨茎干角质膜形成的角质残植煤，通称巴尔扎斯煤。

2. 树皮残植煤

江西乐平煤田、浙江长广煤田的晚二叠世煤层中有典型的树皮残植煤。乐平的树皮残植煤被称为乐平煤，闻名于世。树皮残植煤略具油脂光泽，韧性较大，易燃，带沥青味，以线理状结构为主，垂直断面上亮、暗成分相间，显微波状水平层理，沿层理易分成薄片。长广煤田也有均一致密、略具贝壳状断口的树皮残植煤，其显微组成以木栓组织和栓内层为主，木栓组织的细胞具多角形、椭圆形等外形。

3. 孢子残植煤

其显微组成以孢子外壁为主，常具粒状结构，致密暗淡，有韧性，大多呈透镜状或夹层出现在煤层中。晚古生代孢子植物繁盛，世界上孢子残植煤多发育于晚古生代地层，如澳大利亚石炭-二叠纪的塔斯马尼亚煤几乎完全由压扁的小孢子外壁所组成。俄罗斯莫斯科煤田、基泽尔煤田的早石炭世煤中也都有孢子残植煤。我国山西大同煤中也有少量孢子残植煤夹层。

4. 树脂残植煤

在德国泽次-魏森费尔持的古近纪-新近纪地层中有以树脂体为主的残植煤。在我国抚顺的古近纪-新近纪煤田中也发现部分树脂残植煤，由于树脂为颗粒状且黄色透明，因此树脂残植煤又被称为琥珀煤。

形成残植煤需要两个条件相配合，一个是成煤原始物质中稳定组分较多，另一个是有利的聚积环境使稳定组分富集。以我国树皮残植煤为例，成煤植物以鳞木和种子蕨、真蕨为主，而鳞木的皮层占茎部的 80%，为残植煤的形成提供了物质基础。树皮残植煤中木栓组织受不同程度的膨化，细胞结构较模糊，木栓组织中散布着黄铁矿微晶、很少量的木质纤维组织，仅有一些凝胶化基质和少量丝炭化基质。这些表明，聚积环境是一种还原环境，由于受海水的影响介质呈碱性，由木质纤维组织形成的腐植煤在碱性介质中溶解度大，不断被水流带走，而化学稳定性较强的木栓组织相对富集。

二、腐泥煤

腐泥煤主要由湖沼、潟湖中的藻类、浮游生物等在还原环境下经过腐解形成。腐泥煤大多呈透镜体或薄层夹在腐植煤中，有时也能形成单独的可采煤层，如我国山东鲁西煤田晚石炭世煤系就有达可采厚度的腐泥煤层。

1. 藻煤

藻煤光泽暗淡，结构均一，呈块状构造，常具贝壳状断口，韧性较大，灰分低，密度小，易燃，有沥青味。显微组分以密集的藻类为主，藻类有不同程度的膨化，均匀地分布在基质中。山西蒲县、山东肥城和兖州均发现有藻煤。

2. 胶泥煤

胶泥煤的特点是成煤植物分解彻底，几乎完全由基质组成，看不见轮廓清楚的藻类，其物理和化学性质与腐泥煤相似，但挥发分、氢含量和发热量比腐泥煤略低。如山西浑源的胶泥煤，显微镜下主要由褐黄色基质组成，未发现轮廓清晰的藻类。

当低变质的腐泥煤灰分高达50%～70%时，一般称为油页岩。我国辽宁抚顺、广东茂名、山东黄县等地都有大量油页岩，经低温干馏后可制取人造液体燃料和有机化工原料。

三、腐植腐泥煤

1. 烛煤

其易燃，发出明亮的火焰，像蜡烛一样，故名烛煤。呈灰黑色或褐色，光泽比藻煤稍强，有时略带油脂光泽，具贝壳状断口，韧性大，呈致密块状。宏观上与藻煤不易区分。显微镜下烛煤常具显微层理，含有少量藻类，也可能不含，小孢子较多，基质呈橙色或褐黄色，有时也有凝胶化团块、丝炭化碎片和少量角质膜碎片。烛煤的挥发分、氢含量和焦油出率较高。我国山西浑源、大同和山东新汶、兖州、枣庄等地均有烛煤，在煤层中常与藻煤呈互层状并相互过渡。

2. 煤精

煤精产于抚顺，色黑，质轻，韧性大，呈致密块状，为雕琢工艺美术品原料。显微镜下观察，煤精的特征是植物组织已强烈分解，未见残留的木质纤维组织碎片，以透明基质为主，基质的颜色和结构复杂多样，常见红褐色均匀透明的腐植基质。另外，也有棕褐色絮状腐泥质基质。有的基质中显示微波状层理。煤精的氢含量高于腐植煤，可能是一种特殊的腐植腐泥煤。

一般认为，典型的腐泥煤是在水盆地中离岸较远的地方形成的，成煤原始物质主要是藻类，仅少量腐植煤带入。藻类彻底分解时，形成胶泥煤。而腐植腐泥煤则是在水盆地滨岸地带形成的，所以带入的腐植煤多，这些腐植煤的冻胶很可能与藻类一起，也受到沥青化作用，使原有的性质起了变化。

第五节　全球煤的分布

一、世界煤炭分布

国际上通常把煤炭储量分为预测储量、探明储量和可采储量三类。预测储量是根据地质理论和已获得的地质资料计算得出的储量；探明储量是经过详细勘测，可用现有技术开采的煤量；可采储量是可从探明储量中开采出来的煤量。世界煤炭资源的储量较为丰富，据《BP世界能源统计年鉴》，截至2016年年底，世界可采煤炭储量为11 391.31亿t，如果以当前的速度开采，可维持153年左右(表1-2)。在分布上，亚太、欧洲及欧亚大陆和北美洲的储量位居世界前三位，其中美国、中国、俄罗斯和澳大利亚是当今煤炭资源大国，可采煤炭储量8 007.74亿t，占世界的70.3%，集中度十分明显。

表1-2　世界主要国家可采煤炭储量及2021年煤炭产量

国家	无烟煤和烟煤/亿t	亚烟煤和褐煤/亿t	储量合计/亿t	占世界份额/%	储采比/年	2021年产量/亿t
美国	2 214	301.82	2 515.82	22.08	381	5.24
中国	2 300.04	140.06	2 440.10	21.42	72	41.26
俄罗斯	696.34	907.30	1 603.64	14.08	417	4.34

表 1-2(续)

国家	无烟煤和烟煤/亿 t	亚烟煤和褐煤/亿 t	储量合计/亿 t	占世界份额/%	储采比/年	2021 年产量/亿 t
澳大利亚	683.10	765.08	1 448.18	12.72	294	4.79
印度	897.82	49.87	947.69	8.32	137	8.11
德国	0.12	362.00	362.12	3.18	206	1.26
乌克兰	320.39	23.36	343.75	3.02	＞500	0.25
哈萨克斯坦	256.05	—	256.05	2.25	250	1.16
印度尼西亚	173.26	82.47	255.73	2.24	59	6.14
波兰	187.00	54.61	241.61	2.12	184	1.08
合计	7 728.12	2 686.57	10 414.69	91.43	—	—
世界合计	8 162.14	3 231.17	11 393.31	100	153	81.73

注：根据《BP 世界能源统计年鉴》(2017,2022)整理。

世界煤炭资源地区分布广泛且具有不均衡性。全世界拥有煤炭资源的国家约有 80 个，共有大小煤田 2 371 个。从资源的地区分布看，北半球北纬 30°～70°之间是世界上最主要的聚煤带，占有世界煤炭资源量的 70%以上，尤其集中在北半球的中温带和亚寒带地区。世界煤炭资源的地理分布，以两条巨大的聚煤带最为突出，一条横亘欧亚大陆，西起英国，向东经德国、波兰、俄罗斯，直到我国的华北地区；另一条呈东西向绵延于北美洲的中部，包括美国和加拿大的煤田。南半球的煤炭资源也主要分布在温带地区，比较丰富的有澳大利亚、南非和博茨瓦纳。其中，地质储量在 5 000 亿 t 以上的 7 个大煤田是俄罗斯的勒拿、通古斯、泰梅尔、坎斯克-阿钦斯克和库兹巴斯，巴西的阿尔塔-亚马孙和美国的阿巴拉契亚。

2021 年，世界煤炭产量为 81.73 亿 t(比 2020 年增加 6.0%)，煤炭消费占一次能源消费结构的 26.9%，仅次于石油所占比重(31%)，高于天然气的比重(24.4%)，核能、水电和可再生能源合计占全球一次能源消费结构的比重仅为 17.7%。

二、我国煤炭分布

中国是世界上煤炭资源较丰富的国家之一，成煤期多，储量大，分布广，煤种齐全。据新一轮煤炭资源潜力评价结果(2007—2013 年)，全国煤炭资源总量为 5.9 万亿 t，其中已探明煤炭资源量为 2.02 万亿 t，预测资源量 3.88 万亿 t(表 1-3)。

预测煤炭资源量是我国煤炭规划的未来。从省份来看，预测资源量最多的 5 个省(区)依次为新疆、内蒙古、山西、陕西、贵州，预测资源量为 3.19 万亿 t，占全国预测资源量的 82%，新疆预测资源量为 1.67 万亿 t，占全国预测资源量的 43%。从赋煤区来看，预测资源量主要集中分布在华北和西北赋煤区，各占 44%左右，其次为华南和东北赋煤区，分别占 7.6%和 4%。从成煤时代来看，预测资源量集中分布在古生代的石炭纪-二叠纪和中生代的侏罗纪，侏罗纪约占全国预测资源量的 65%，其次为石炭纪-二叠纪，约占 30%。从煤层赋存深度来看，预测资源量埋深多在 1 000 m 以上，600 m 以浅仅占 18.7%，1 000 m 以浅占 37%，1 000～1 500 m 占 30%。从煤类分布来看，以不黏煤和长焰煤为主，分别占 30%和

22%，其次为气煤和无烟煤，分别约占14%和11%。

表 1-3　全国煤炭资源总量和预测资源量分布(中国煤炭地质总局,2016)

单位：亿 t

资源区带	规划区	省(区、市)	探获资源量	资源总量	预测资源量	0～600 m	600～1 000 m	1 000～1 500 m	1 500～2 000 m	1 000 m 以浅
东部补给带	东北	辽宁	104.89	158.17	52.28	1.44	8.59	36.04	7.20	10.03
		吉林	29.12	98.62	69.50	20.09	17.97	21.69	9.74	38.06
		黑龙江	247.89	449.64	201.75	101.48	40.44	28.88	30.96	141.91
		合计	381.90	706.43	324.53	123.01	67.00	86.62	47.91	190.01
	黄淮海	北京	27.25	109.00	81.75	7.97	26.75	26.57	20.45	34.72
		天津	3.83	174.59	170.76		0.38	17.10	153.28	0.38
		河北	374.22	841.94	467.72	9.67	17.99	137.92	302.15	27.65
		江苏	46.44	99.97	53.53	2.91	6.54	25.54	18.54	9.45
		安徽	374.08	820.27	446.19	7.20	38.96	167.20	232.83	46.17
		山东	432.65	578.49	145.84	9.58	27.31	46.17	62.79	36.88
		河南	666.81	1 377.55	710.74	10.11	57.39	297.72	345.51	67.50
		合计	1 925.27	4 001.79	2 076.52	47.43	175.33	718.21	1 135.55	222.76
	华南	台湾	5.31	8.51	3.20	1.35	0.97	0.88		2.32
		浙江	0.49	0.61	0.12			0.12		0
		福建	14.51	40.23	25.72	9.54	9.76	6.42		19.31
		江西	17.21	64.04	46.83	19.77	14.27	12.79		34.04
		湖北	11.96	27.19	15.23	5.91	4.78	4.55		10.69
		湖南	40.75	102.79	62.04	20.19	22.74	19.11		42.92
		广东	8.27	19.41	11.14	3.40	3.21	4.53		6.61
		广西	36.09	57.08	20.99	14.44	3.99	2.56		18.43
		海南	1.67	2.74	1.07	1.07				1.07
		合计	136.27	322.60	186.33	75.66	59.72	50.94		135.39
中部供给带	晋陕蒙宁	山西	2 875.82	6 609.01	3 733.19	198.99	655.27	1 321.96	1 556.97	854.26
		内蒙古	8 962.69	16 299.48	7 336.79	1 371.96	885.79	2 775.73	2 303.31	2 257.75
		陕西	1 815.65	4 076.94	2 261.29	47.06	121.23	478.77	1 614.22	168.30
		宁夏	383.89	1 841.59	1 457.70	43.05	84.12	292.77	1 037.76	127.17
		合计	14 038.05	28 827.02	14 788.97	1 661.06	1 746.42	4 869.22	6 512.26	3 407.48
	西南	重庆	58.30	195.82	137.52	14.67	19.66	39.08	64.12	34.33
		四川	142.79	401.99	259.20	39.07	55.47	83.48	81.17	94.54
		贵州	707.61	2 588.55	1 880.94	425.37	452.13	609.06	394.39	877.49
		云南	302.87	752.61	449.74	160.71	98.84	103.70	86.48	259.55
		合计	1 211.57	3 938.97	2 727.40	639.82	626.10	835.32	626.17	1 265.91

表 1-3(续)

资源区带	规划区	省(区、市)	探获资源量	资源总量	预测资源量	0～600 m	600～1 000 m	1 000～1 500 m	1 500～2 000 m	1 000 m以浅
西部自给带	西北	青海	70.42	70.43						
		西藏	2.07	11.31	9.24	6.55	2.69			9.24
		新疆	2 311.73	18 993.58	16 681.85	4 608.59	4 193.42	4 268.41	3 611.43	8 802.01
		甘肃	167.44	1 824.25	1 656.81	10.22	143.90	826.33	676.36	154.11
		合计	2 551.67	21 244.03	18 692.36	4 704.90	4 452.41	5 192.50	4 342.55	9 157.31
全国合计			20 244.73	59 040.85	38 796.12	7 251.88	7 126.97	11 752.82	12 664.44	14 378.85

1. 主要聚煤期及沉积环境

从早古生代腐泥煤类的石煤至第四纪泥炭，共有 14 个聚煤期，其中最重要的聚煤期是：南方早石炭世，华北石炭-二叠纪，华南二叠纪，华南晚三叠世，西北早、中侏罗世，东北晚侏罗-早白垩世，以及东北、西南和沿海古近-新近纪，共 7 个主要聚煤期。早、中侏罗世和石炭-二叠纪聚煤强度最大(图 1-3)，早、中侏罗世聚煤期煤炭资源量占全国总量的 60%，华北石炭-二叠纪聚煤期资源量占全国煤炭资源总量的 26%。

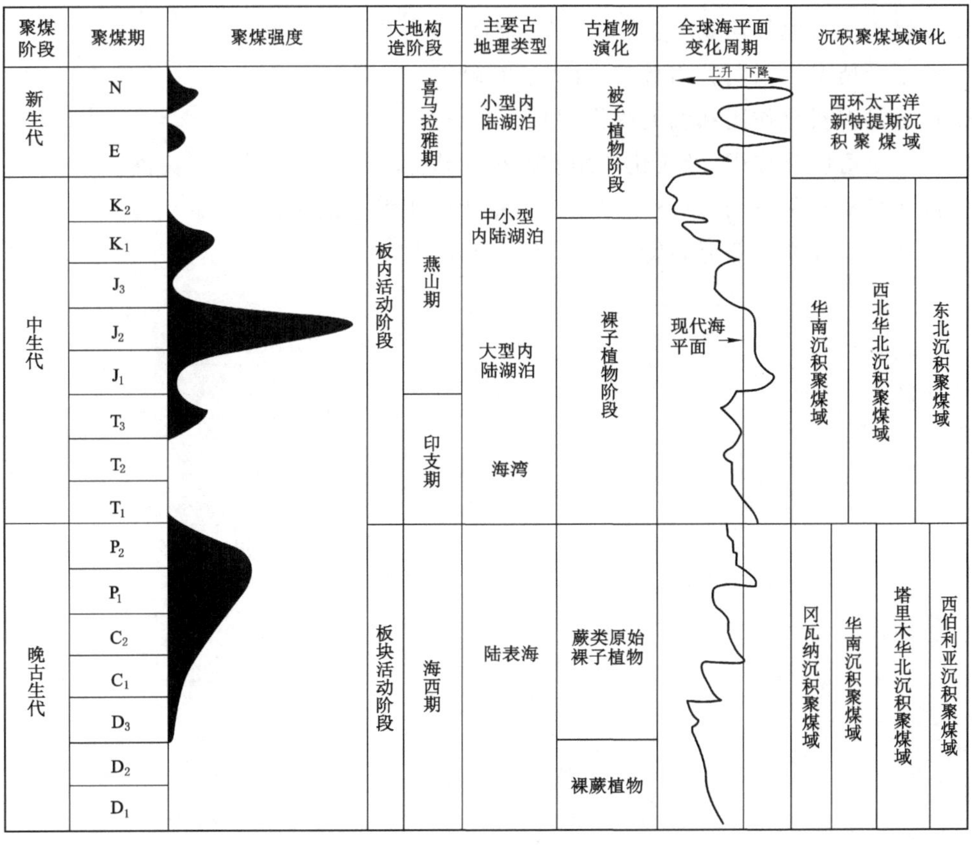

图 1-3　各成煤时代聚煤强度及控制因素分析

2. 中国的含煤地层

中国含煤地层的时间分布与全球主要聚煤期基本一致。聚煤作用较强的时期是：早寒武世，早石炭世，晚石炭-早二叠世，晚二叠世，晚三叠世，早、中侏罗世，早白垩世，古近-新近纪（图 1-3）。由于煤盆地构造特征和含煤性的差异，中国含煤地层的空间分布形成了东北、西北、华北、西南、华南五大聚煤区。就各时期主要含煤地层分布的地域来看，早寒武世、早石炭世含煤地层主要分布于华南，晚石炭-早二叠世含煤地层主要分布于华北，晚二叠世、晚三叠世含煤地层主要分布于华南，早、中侏罗世含煤地层主要分布于华北和西北，早白垩世含煤地层主要分布于东北，古近纪含煤地层主要分布于东北及华北东部，新近纪含煤地层则主要分布于华南西部及东部。就各聚煤区含煤地层分布的特点看，东北聚煤区包括内蒙古地轴北缘深断裂以北（或称内蒙古-大兴安岭海西-印支褶皱带）的内蒙古、黑龙江、吉林地区，以内陆断陷含煤盆地成群分布为特征，盆地多呈北东方向展布；其次为鸡西-鹤岗近海含煤盆地，也呈北东方向展布，含煤层位为下白垩统、上侏罗统、古近系，含煤性较好。西北聚煤区位于贺兰山以西、昆仑山以北广大地区，含煤盆地多呈东西向和北西向展布，主要是在稳定地台或地块的基础上发育的大型坳陷湖盆，含煤性甚佳。

本章思考题

1. 成煤作用阶段如何划分？
2. 按不同情况可以划分出哪几类泥炭沼泽？
3. 什么是泥炭化作用和腐泥化作用？
4. 什么是凝胶化作用、丝炭化作用和残植化作用？
5. 试比较凝胶化作用、丝炭化作用与残植化作用发生的条件。
6. 简述我国煤炭资源分布特点及主要含煤地层。

第二章　煤化作用和石墨化作用

成煤作用是原始成煤物质最终转化成煤的全部作用，它分成两个相继的阶段：从成煤原始物质的堆积，经生物化学作用直到泥炭的形成，称为泥炭化作用阶段；当泥炭形成后，由于沉积盆地的沉降，泥炭被埋藏于深处，在温度、压力增高等物理化学作用下，形成褐煤、烟煤、无烟煤、半无烟煤，称为煤化作用阶段。煤化作用具体包括煤的成岩作用和变质作用，从泥炭向褐煤的转变是成岩作用的结果，从亮褐煤的形成到进一步的演化是煤变质作用的结果，煤的变质作用一直延续到超无烟煤的形成。此后煤再进一步演化成石墨，称为石墨化作用。狭义上，由于石墨不再属于煤，所以煤的变质作用不包括石墨化阶段在内。广义上，煤的变质作用和石墨化作用共同构成一个连续的有机质演化过程，所以煤变质作用可以将石墨化阶段包括在内。

第一节　煤化作用的阶段与特征

一、煤的成岩作用与变质作用

1. 煤的成岩作用

泥炭形成后，由于盆地的沉降，在上覆沉积物的覆盖下被埋藏于地下，经压实、脱水、增碳，游离纤维素消失，出现了凝胶化组分，逐渐固结并具有了微弱的反射力，经过这种物理化学变化转变成年轻褐煤。这一转变所经历的作用称为煤的成岩作用。斯塔赫认为，这种作用大致发生于地下 200～400 m 的浅层。

在成岩作用中，煤受到复杂的化学和物理煤化作用。化学煤化作用主要反映在泥炭内的腐植酸、腐植质分子侧链上的亲水官能团以及环氧数目不断地减少，形成各种挥发性产物，并由此导致碳含量增加，氧和水分含量减少。煤的物理煤化作用主要反映在发生了物理胶体反应，即成岩凝胶化作用，从而使未分解或未完全分解的木质纤维组织不断转变为腐植酸、腐植质，使已经形成的腐植酸、腐植质变为黑色具有微弱光泽的凝胶化组分。成岩作用中，丝炭化组分和稳定组分也发生了变化。

2. 煤的变质作用

煤的变质作用是指年轻褐煤，在较高的温度、压力及较长地质时间等因素的作用下，进一步受到物理化学变化，形成老褐煤(亮褐煤)、烟煤、无烟煤、半无烟煤的过程。这一阶段所发生的化学煤化作用表现为腐植物质进一步聚合，失去大量的含氧官能团(如羧基和甲氧基)，腐植酸进一步减少，使腐植物质由酸性变为中性，出现了更多的腐植复合物。本阶段物理煤化作用表现为结束了成岩凝胶化作用，形成凝胶化组分，植物残体已不存在，稳定组分发生沥青化作用，使叶片表皮蜡质和孢粉质的外层脱去甲氧基，形成易软化、塑性强、具黏结性的沥青质，并开始具有微弱的光泽。在温度、压力的继续作用下，腐植复合物不断发生聚合反应，使稠环芳香系统不断加大，侧链减少，不断提高芳香化程度和分子排列的规则化程度，变质程度不断提高，进而转变为烟煤、无烟煤和半无烟煤。

二、煤化作用特点

煤在连续的系列演化过程中，碳含量明显增加，即由泥炭阶段含有C、H、O、N、S等5种主要元素，演变到石墨化阶段只含碳一种元素。因此，煤化作用过程，实质是聚碳脱氢去氧过程，也可称作异种元素的排出过程。排出的方式是由其他元素和碳结合构成挥发性化合物，因此随煤化程度增加，煤中的挥发物减少，碳含量增加，形成大量的CH_4、CO_2和N_2等气体。其次，也表现为结构单一化趋势，即由泥炭阶段含多种官能团的结构，逐渐演变到无烟煤阶段只含缩合芳核的结构，最后演变为石墨结构。因此，煤化作用过程实际上是依序排除不稳定结构的过程。煤化作用过程还表现为结构致密化和定向排列的趋势，即随煤化作用的进行，煤的有机分子侧链由长变短，数目变少，腐植复合物的稠核芳香系统不断增大，逐渐趋于紧密，分子量加大，缩合度提高，分子排列逐渐规则化，从混杂排列到层状有序排列，因此反光性能增强。

煤化作用过程中还表现为煤显微组分性质的均一性趋势，在煤化作用的低级阶段，煤显微组分的光性和化学组成结构差异显著，但随着煤化作用的进行，这些差异趋于一致，变得越来越不易区分。

煤化作用是一种不可逆的反应。煤化作用能否形成连续的系列演化过程，决定于具体地质条件。例如，含煤盆地由沉降转变为抬升，就会导致煤化作用的终止；如果后来岩浆作用加剧，或盆地再度沉降，那么煤化作用还可能再次进行下去。

煤化是一个复杂的非线性变化过程，包括有机质的物理、化学和结构反应性的变化，有学者将其分为脱水作用、沥青化作用、脱沥青化作用和石墨化作用。一般而言，整个煤化作用过程中共有4次跃变，第一次发生在长焰煤阶段，镜质体反射率值（$R_{o,max}$）介于0.5%～0.6%之间，本次煤化跃变的特征是发生沥青化作用，随煤化程度的提高，多种含氧官能团逐渐脱落，在$R_{o,max}=0.6\%$之前以析出CO_2和H_2O为主。当煤化作用达到$R_{o,max}=0.5\%\sim0.6\%$阶段时，芳香核稠环上开始脱落脂肪族、脂肪族官能团和侧链，形成以甲烷为主的挥发物，于是开始生成沥青质的沥青化作用。第二次煤化作用跃变发生在肥煤到焦煤阶段，镜质体反射率值介于1.1%～1.3%之间，跃变的发生主要是因为煤中甲烷大量逸出，从而释放出大量的氢。从本阶段开始，富氢侧链大量缩短和减小，使煤的比重下降到最小值，从而在压力的作用下煤的显微孔隙变小，水分减少。到了焦煤阶段（$R_{o,max}\approx1.7\%$），腐植凝胶基本完成脱水作用，水分和孔隙都达到了最小值。第三次煤化作用跃变出现在烟煤到无烟煤阶段，镜质体反射率值为2.2%～2.5%。在这一阶段，煤的孔隙和水分含量有所上升，其产物为无烟煤和半无烟煤。第四次煤化作用跃变是无烟煤与半无烟煤的分界，镜质体反射率值为3.7%～4.0%，主要表现为氢含量与氢碳原子比的急剧下降，碳含量随埋藏深度的增加明显地增大，同时芳香单元的芳香度和缩合度也急剧增加。

三、煤化作用影响因素

煤化作用的演化主要受控于温度的高低、经历的时间长短及压力的大小。其中，对煤化作用影响大的主要是温度。

1. 温度

随着沉降深度的增大，温度的增加使得煤化作用程度提高，因此煤化作用的演化取决于煤的受热史。煤化程度增高的速度，有人称为“煤级梯度”或“煤化梯度”。它首先取决于地区的地热条件，即地热梯度变化。

由于受热持续时间和不同古地热史的影响，特定的煤化程度与精确的最大温度之间的关系较难确定。苏联学者纳高日内等提出，顿巴斯煤田的受热温度与煤化程度的关系见表 2-1。对于中、低煤阶而言，同一煤样中惰质组反射率明显高于镜质组，这应该与惰质组受到先期野火高温烘烤关系密切。

表 2-1　顿巴斯煤田的受热温度与煤化程度关系

温度/℃	R_o/%	温度/℃	R_o/%
65	0.50	130	1.15
90	0.65	140	1.53
110	0.85	170	2.00

地热条件相类似的地区，下伏和共生岩石的导热性能不同，对于煤化梯度的影响也不相同。岩石的导热性首先取决于岩石本身的热导率，也还受到岩石的孔隙、裂隙、溶洞、构造破坏程度等的影响。

2. 时间

在煤化作用中，煤在温度、压力作用下所经历的时间长短，特别是在地质上的时间延续，都是不可忽视的因素。

卡维尔于 1956 年根据煤化作用的热动力模拟，近似地计算出烟煤各煤化阶段的反应速度，绘制了煤化温度、时间与挥发分的关系曲线，进一步论证了煤级(煤化程度)是温度和时间的函数，在较短时间的较高温度下与较长时间的较低温度下，可以形成相同煤级的煤，即较高温度×较短时间＝较低温度×较长时间。应该指出，时间因素在较高的温度下往往更加明显，温度过低，时间因素就不易起作用了。

3. 压力

苏联学者列文施琴于 1963 年对卡拉干达煤田按 5 MPa/min 递增的速度进行加压实验，直到高达相当于地下 15 km 处的 500 MPa 的压力，煤的挥发分、碳含量和氢含量都未发生明显的变化。在煤化作用中，起决定作用的是化学煤化作用，而不是物理煤化作用。基于沉积埋藏史分析，煤层压力增加是由于埋藏深度加大，而埋藏深度加大引起地层温度升高，在压力、温度和时间共同作用下促进煤变质程度增加。

第二节　煤的变质作用类型

在煤化作用过程中，热增温对煤的变质起着主导作用。由于引起煤变质的热源和增热的方式及变质特征的不同，将煤的变质划分为深成变质作用、岩浆变质作用（区域岩浆热变质作用和接触变质作用）、动力变质作用。

一、深成变质作用

深成变质作用是指煤层因沉降而埋藏于地下深处，由于地热及在上覆岩系静压力作用下所发生的变质作用。这种变质作用的增强，往往与煤层埋藏深度加大有直接关系。煤的各种性质及特征随埋藏深度的增加而变化的现象早已为人们所关注。德国学者希尔特曾针对西欧若干煤田变质规律提出，在地层大致水平的条件下，每加深百米煤的挥发分降低约2.3％，即煤的变质程度随埋藏深度的加深而增高，这被称为希尔特定律。

深成变质作用主要是由地热所引起的。由于地热是由地表向地下深处逐渐增高，故又称为地热变质作用。因为其影响的广泛性，还将深成变质作用称为区域变质作用。

地热来源于原始的地球残余热、化学反应热、潮汐摩擦热、放射性元素衰变热及重物质位移热等，以后两种较为重要。影响地热的分布除了热源不同外，还有大地构造特征、构造断裂破坏程度、岩石导热性、岩浆岩性质和活动特征以及地下水活动特征等。这些因素将造成各地区地温梯度的差异。

近年来，对深成变质作用有了更加深入的认识，认为深成变质作用具有长期性和阶段性，深成变质作用不一定是在含煤建造褶皱隆起之前一次完成的，而是有时间延续的，可以分阶段累积进行。

希尔特定律普遍存在，但局部火成岩的侵入、构造变动、煤的成因类型或煤岩类型等因素的影响，也会使煤质发生异常变化，即出现“反希尔特定律”的现象。

二、岩浆变质作用

岩浆热、挥发分气体和压力的影响，使煤发生了变质作用。这种变质作用形成的条件是岩浆的侵入、穿过或靠近煤层或煤系。根据侵入岩体的大小和侵入部位以及侵入岩体与煤层的直接接触或间接影响，进一步划分为两种类型：一种是与地下庞大的深成侵入体有关的区域岩浆热力变质作用，另一种是与浅成侵入岩有关的接触变质作用。

1. 区域岩浆热力变质作用

区域岩浆热力变质作用与深成变质作用的特征有若干相近之处，但在受热温度高低、时间长短及受热均匀程度上又有许多不同之处。区域岩浆热力变质作用有以下主要特征：

① 由于变质作用是在区域地热场上叠加了岩浆热，故地热温度较高，地热梯度较大，煤变质的垂直分带明显，变质带厚度及平面宽度都较小。

② 这种变质作用下所产生的变质带，在平面上的展布特征与煤系和上覆岩系等厚线的展布无关，而与深成岩体分布有一定关系。

③ 煤的变质程度决定于岩体大小以及与岩体距离的远近。距岩体近的煤变质程度高，

并常有热液矿化现象，远离岩体则变质程度较低。

应该指出，在这种区域热力变质过程中，由于岩浆热液作用，无烟煤带的围岩往往发生蚀变，如硅化、叶蜡石化、绢云母化、碳酸盐化、绿泥石化、黄铁矿化等，且石英砂岩变为石英岩，灰岩变质为结晶灰岩或大理岩，泥质岩变质为板岩。特别是热液石英脉的发育，是区域岩浆热变质作用的标志之一。

2. 接触变质作用

接触变质作用是指各种岩床、岩墙、岩脉等浅成岩体侵入或接近煤层，其热能使煤层温度达 1 000 ℃以上。这种热影响多是局部的、多变的，地质时间上是短暂的。

这种变质作用有以下特征：

① 在侵入体与煤层接触带附近，煤层受热后温度和增温速率升高，但延续时间短，受热均匀性差。因此，邻近侵入体附近往往有不规则的天然焦带。天然焦多呈深灰、灰黑色，多孔隙，有明显的垂直柱状节理。

② 经接触变质作用的煤，颜色变浅，比重增大，灰分增高，挥发分和发热量降低，黏结性消失，越近岩体越明显。在接触变质过程中，由于氧含量迅速减少，碳含量增加慢，所以与正常煤相比，这种煤的挥发分、发热量均偏低。此外，煤在高温下分解时产生的 CH_4 气体与硫酸盐作用，可生成碳酸盐矿物。故煤中碳酸盐矿物含量的增加，往往也是接触变质煤的特征之一。

③ 在接触带中，煤的镜质组因经受高温溶解时气体逸出而具气孔状构造，形成多气孔和沟槽的天然焦，其最大反射率和各向异性随温度提高而增大。

④ 在接触带附近，常常存在规模较小且不规则的局部煤质分带现象。其宽度不大，从数厘米至数米不等。

三、动力变质作用

动力变质作用是指由于地壳构造变动的直接原因而造成煤发生的变质作用。

20 世纪 30 年代，以美国怀特为代表的学者曾认为，煤的变质主要受构造变动的控制，从而夸大了动力变质作用的影响。应该指出，动力变质作用在自然界是存在的。例如，我国江西上饶八都逆掩断层附近狭长的动力变质带中，晚三叠世煤变质为无烟煤；北京西山八宝山逆掩断层两侧，部分煤已变质接近石墨化阶段。

构造变动产生的动压力不能促进化学煤化作用的进行，一般只引起物理煤化作用。所以只有当构造应力作用于煤岩层而产生大量摩擦热后，才会导致煤的变质。由于这种热量往往较少，因此动力变质作用主要发生在煤层围岩导热差且热量易于集中的相对密闭的环境。例如，煤及围岩在压扭应力作用下的构造强烈活动地区常常形成动力变质作用带，多呈条带状分布。这种变质作用与其他类型的煤变质作用相比较，往往是次要的和局部的。

由于动力变质作用的差异，同一煤层中强变形构造煤的最大镜质体反射率往往要高于弱变形强度的构造煤，而且随着煤级增大这种差异愈加显著。

第三节　煤的石墨化作用

煤系石墨又称为煤成石墨、煤基石墨，是隐晶质石墨的主要组成部分，也是煤系非金属矿产的一种。由于特殊的分子结构，石墨具有耐高温、导热性、导电性、化学稳定性、润滑性和可塑性等诸多优良性能，广泛应用于冶金、机械、核工业、航天、电子信息、新能源汽车等领域，属于新兴战略性矿产。煤系隐晶质石墨的各向同性性质，使其在新能源材料和国防军工等高精尖产业领域具有独特优势。在新时期国民经济高质量发展的背景下，为满足战略新兴产业的需求，煤系石墨逐渐受到各界关注。

一、煤系石墨及其演化过程

隐晶质石墨通常被认为是由煤或煤系有机碳经岩浆侵位接触变质形成的，属于接触变质型石墨成因类型，因而，从成矿物质和矿床赋存角度出发，煤系石墨可视为隐晶质石墨的同义词，煤系石墨矿床与煤层为同层异矿。

由富集型有机质组成的煤层对温度、压力、流体等地质因素十分敏感，地质历史演化过程中的各种构造-热事件必然导致煤岩发生一系列物理、化学、结构和构造变化，有机组分在温度、压力等因素作用下富碳、去氢、脱氧，石墨被视为煤变质最终端元。煤变质演化具有连续性和非线性的基本特点，可划分为煤化作用阶段和石墨化作用阶段（图 2-1），总体趋势是化学成分单一化、分子结构有序化，演变为三维有序结构的单质碳石墨矿物。

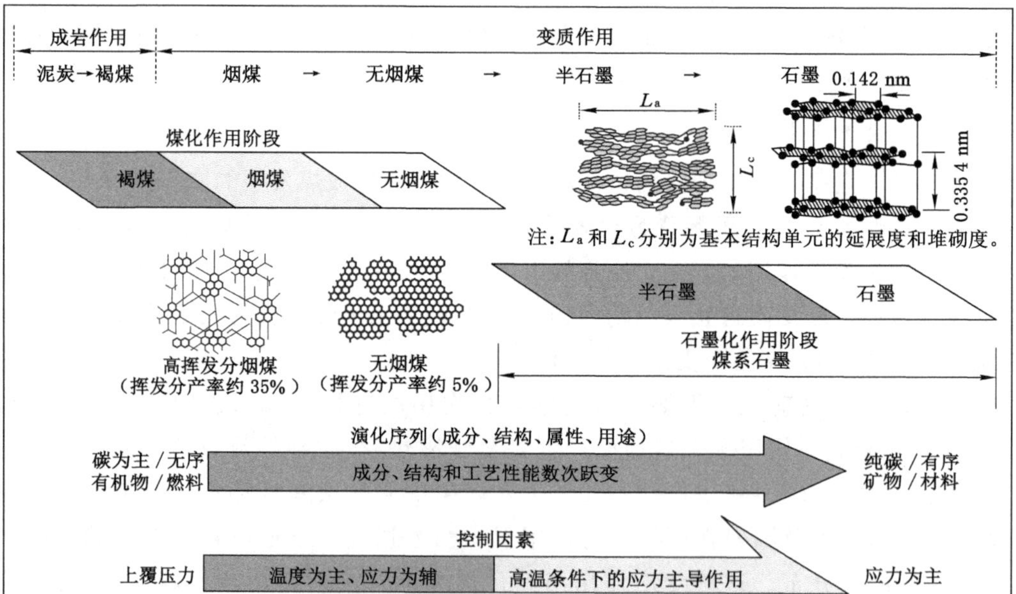

图 2-1　煤变质作用阶段划分与大分子结构演化

（曹代勇等，2021；有修改）

石墨化作用作为煤化作用的延续，是高煤级煤中芳香晶核经历芳构化、环聚合、拼叠作用和秩理化作用向石墨结构发展的过程，非定向的芳香碳经过一系列的微观结构和化学成分的变化产生各种中间相态，最终形成石墨矿物晶体结构。

欧伯林将碳质物质的石墨化过程分为四个阶段（图 2-2）：第一阶段，形成芳香碳层 BSU；第二阶段，单个 BSU 合并形成 BSUs 柱体；第三阶段，BSUs 柱体连接形成褶皱层结构；第四阶段，解褶皱并形成平直的石墨。郑辙对鲁塘二叠系煤的研究发现，煤体经热变质作用转变为石墨时，微结构转变包括芳香层石墨和芳香层结构、微柱石墨和微柱结构、揉皱石墨和揉皱结构、平直石墨和平直结构四个阶段。秦勇提出了高煤级煤演化的拼叠作用，并且根据拼叠作用的阶段性特征，结合 BSU 空间组合方式的演变，提出高煤级煤-石墨微结构演进模式。

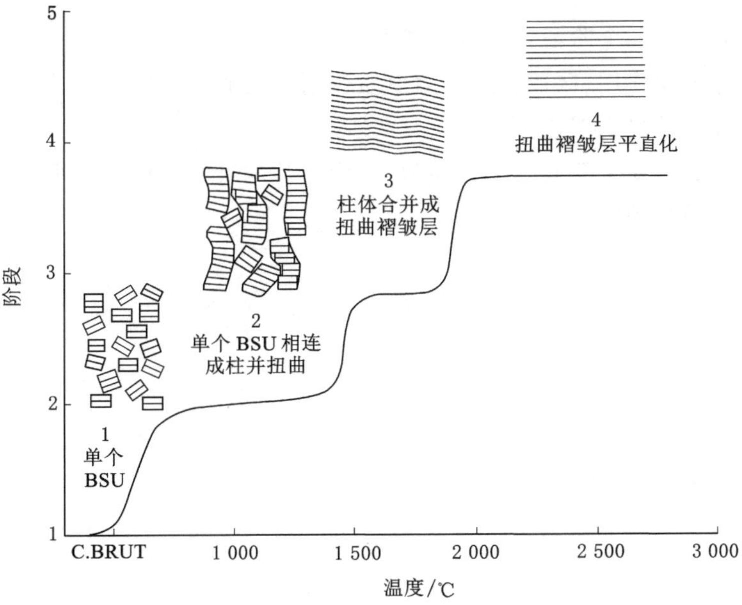

图 2-2　石墨化过程中各演化阶段模型图

二、煤系石墨成矿控制因素

影响煤系石墨形成的主要控制因素可以分为内因（物质组成）和外因（温度、压力等）两大类。煤是由有机组分和无机组分组成的混合物，煤中不同有机显微组分的分子结构、化学组成的差异，以及对不同温度、压力条件的敏感性的差异，导致其石墨化速率和石墨化产物也各不相同，而不同种类、含量的矿物在煤石墨化中的催化作用也各有差别，由此决定了可石墨化性和石墨化差异性特征。镜质组、壳质组和惰质组三大显微组分的结构变化和演化速率各不相同，壳质组在高变质无烟煤中即已经消失，表明其石墨化速率最快；其次为镜质组，在石墨化程度高的样品中仍可观察到残留的惰质组分，表明其石墨化速率最慢。

温度是影响有机质演化（包括煤化作用和石墨化作用）的首要因素，高温为原子重排、重结晶、结构转化提供了活化能。杨起等认为，岩浆作用的叠加热场是中国高变质煤形成的根本原因，作为煤化作用的延续，煤系石墨化作用的活化能也主要来自岩浆作用产生的高温。我国目前已知煤系石墨矿床几乎均与大规模的酸性和中酸性岩体活动有关，形成良好的构造-热封闭条件，具有热量充足、作用时间长的特点，为煤变质作用和石墨结构形成提供了充足的能量。而岩脉、岩墙和岩床等小型侵入体，侵入深度浅、规模小，尽管温度高但热作用时间较短，处于构造-热开放环境，所能提供的热能有限，其接触变质带窄、煤变质梯度大，通常形成天然焦-热变煤系列，以小球体、热解碳等中间相和气孔、镶嵌结构发育为特征，其晶核尺寸和有序度通常小于煤系石墨。

本章思考题

1. 煤化作用划分为几个阶段？各具有哪些特点？
2. 什么是深成变质作用、区域岩浆热力变质作用和接触变质作用？
3. 影响煤化作用的关键因素是什么？
4. 指出几类能够表征煤变质程度的参数，并说明其与煤变质程度之间的关系。
5. 简述煤系石墨化的演化过程。

第三章　煤的物理化学性质与岩石学组成

第一节　煤的物理特征

一、煤的物理性质

煤的物理性质主要包括五个方面，即光学性质、机械性质、空间结构性质、电磁性质和热性质，具体包括颜色、光泽、反射率，硬度、脆度、可磨性、断口，密度、表面积、孔隙度、压缩性，介电常数、导电性、磁性，比热、导热性等。煤的物理性质是煤的化学组成和分子结构的外部表现，受到煤化程度、煤岩组成和煤风化程度的影响。

1. *颜色*

煤的颜色是煤对不同波长可见光波吸收的结果。在不同的光学条件下，煤呈现不同的颜色。在普通白光照射下，煤表面反射光线所显示的颜色称为表色。腐植煤的表色随煤化程度的增高而变化，褐煤通常为褐色、褐黑色，低、中煤化程度的烟煤为黑色，高煤化程度的烟煤为黑色略带灰色，无烟煤往往为灰黑色，带有铜黄色或银白色的色彩。因此，根据表色可以明显地区别出褐煤、烟煤和无烟煤。腐泥煤的表色变化较大，有深灰色、棕褐色，甚至灰绿色至黑色。煤中的水分能使颜色加深，而煤中的矿物质往往使煤的颜色变浅。

煤研成粉末的颜色称为粉色。它可用钢针刻划煤的表面或用镜煤在未上釉的瓷板上刻划条痕而得，粉色也称条痕色。煤的粉色一般略浅于表色。粉色较固定，用粉色判断煤的煤化程度效果较好。褐煤的粉色为浅褐色、褐色，低煤级烟煤为深褐色到黑褐色，中煤级烟煤为褐黑色，高煤级烟煤为黑色有时略带褐色，无烟煤为深黑色或灰黑色。腐泥煤的粉色一般比腐植煤要浅，随煤级的增高，粉色也逐渐加深。煤的粉色不但取决于煤化程度，还与煤岩类型和风化程度有关。为了统一对比条件，一般应以新鲜较纯净的光亮型煤的粉色为准。

把煤磨成薄片(厚约 0.03 mm)，用显微镜在普通透射光下观察，煤薄片显示出的颜色为透光色，又称体色。透光色是煤对不同波长可见光选择性吸收的结果。不同的煤岩组分具有不同的透光色，常见的有黄色、红色和黑色；同一煤岩组分在不同煤化阶段显示出不同的透光色。煤级越高，透光性越差，无烟煤几乎不透明。

把煤的表面磨光，用显微镜在普通反射光下观察，煤光面上显示出的颜色称为反光色。各种煤岩组分的反光色均呈灰至白色色调。不同的煤岩组分反光色不同，同一煤岩组分在不同煤化阶段反光色也不同。随煤化程度的增高，煤反光色逐渐变浅。

煤的磨光面用蓝光或紫外光激发而呈现的颜色，称为反射荧光色。反射荧光色随煤岩组分和煤化程度的不同而变化，有绿黄色、黄色、棕色等。随煤级增高，荧光减弱，至高煤级荧光消失。

2. 光泽

煤的光泽是指煤新鲜断面的反光能力。光泽与煤的成因类型、煤岩成分、煤化程度和风化程度有关。腐泥煤的光泽一般都比较暗淡。腐植煤的四种宏观煤岩成分中,镜煤的光泽最强,亮煤次之,暗煤和丝炭的光泽暗淡。随着煤化程度的增高,各种宏观煤岩成分的光泽有不同程度的增强。丝炭和暗煤的光泽变化小,而镜煤和较纯净的亮煤变化明显。根据镜煤或较纯净亮煤的光泽可判断煤级,即年轻的褐煤无光泽,老褐煤呈蜡状光泽或弱的沥青光泽,低煤级烟煤具沥青光泽、弱玻璃光泽,中煤级烟煤具强玻璃光泽,高煤级烟煤具金刚光泽,无烟煤具半金属光泽。

3. 反射率

煤的反射率是在垂直照明条件下,煤岩组分磨光面的反射光强度与入射光强度之比,以百分率表示。随着煤化程度的增高,煤的反射率不断增强。当 $C_{daf} \geqslant 85\%$ 时,反射率出现最大值和最小值,即双反射现象。随煤级升高和碳含量增大,反射率最大值和最小值差别越大。煤的反射率是确定煤化程度最重要的光学常数,它对煤质评价、煤加工利用、油气勘探等问题均有十分重要的意义。

4. 硬度

煤的硬度是指煤抵抗外来机械作用的能力。随着外加机械作用力的性质不同,煤的硬度表现形式也不一样。煤的硬度分为刻划硬度、压痕硬度和磨损硬度三类。刻划硬度是用标准矿物刻划煤所测定的相对硬度。宏观煤岩成分中,暗煤硬度最大,亮煤、镜煤硬度小。煤的硬度还与煤级有关,褐煤和中煤化程度的烟煤硬度最小,为 2～2.5;无烟煤硬度最大,接近 4。

显微硬度是压痕硬度的一种,其测定在显微硬度计上进行。煤的显微硬度与煤化程度有关。年轻褐煤和中煤级烟煤的显微硬度最小,无烟煤的显微硬度最大,且上升的幅度很大。不同显微煤岩组分的显微硬度也有差异,惰质组的显微硬度一般要比镜质组高。

抗磨硬度是磨损硬度的一种。它用研磨阻力的大小来表示煤磨光面上显微组分或矿物的硬度,表现为显微组分或矿物的凸起现象,是显微镜下鉴定标志之一。抗磨硬度与煤化程度有关,在低、中煤级煤中,丝炭比较硬,在磨光面上显示凸起,而镜煤比较软,磨光面上不显凸起,随着煤级的增高,镜煤与丝炭抗磨硬度逐渐接近,丝炭的凸起变小,甚至消失。

5. 脆度和可磨性

煤的脆度是指煤受外力作用而破碎的性质,表现为抗压强度和抗剪强度。强度小者,煤易破碎,脆度大;反之,脆度小。脆度和硬度同属抵抗外来机械作用的性质,但受力性质不同,表现的形式也不一样,所以两者概念不同。丝炭的脆度大,硬度也大;镜煤的脆度大,但硬度小;暗煤的硬度大,脆度小。不同的宏观煤岩成分和类型,其脆度不同。腐泥煤和残植煤的脆度都较小,如我国抚顺的煤精,是一种腐植腐泥煤类,其脆性小、韧性好。煤的脆度还与煤化程度有关,中煤级的烟煤脆度最大,低煤级煤的脆度变小,无烟煤的脆度最小。

有人提出显微脆度的概念,它是在显微镜下根据金刚石压锥压入显微组分后,用压痕产生裂纹的程度来测定的,即以在一定静载荷下每 100 个压痕中出现裂纹的压痕数来表示。

数值越大，显微脆度越大。一般而言，中煤级的焦煤显微脆度最大，随煤级的增高或降低，显微脆度变小。强还原煤比弱还原煤的脆度要大。

煤的可磨性是指粉碎煤的难易程度，用可磨性系数 KHG 来表示。可磨性越大的煤越易粉碎；反之，越难。测定煤可磨性的方法有许多种，我国和美国、英国、日本等国均采用哈德格罗夫(Hardgrave)法，已作为国家标准。煤中各显微组分的 KHG 不同，其中丝质体最高，半丝质体其次，其后是镜质组，壳质组最低。

6. 煤的压缩性

煤在恒温下加压，其体积变化的百分数，称为煤的压缩性。压缩性与煤化程度有关，煤化程度越高，压缩性越小。加压后惰质组体积变化极少，镜质组有变化，稳定组分变化最大，但到高煤级时，其压缩性比镜质组小。显微组分的压缩性随压力的增大而增加，壳质组变化最大，镜质组其次，惰性组最小。

7. 断口

煤受外力打击后断开的表面，称为断口。断口不包括层理面或裂隙面。煤中常见的断口有贝壳状断口、阶梯状断口、参差状断口、棱角状断口、粒状断口等。断口反映了煤物质组成的均一性和方向性的变化。组成较均一的煤，如腐泥煤、腐植腐泥煤、镜煤等常具有贝壳状断口；而组成不均一的煤，常见其他类型的断口。

8. 比重与密度

煤的比重是指 20 ℃时煤的重量与同温度、同体积水的重量之比。煤的密度是指单位体积煤的质量。比重和密度的数值相等，但物理意义不同。比重没有单位，而密度有单位。煤的比重与煤岩成分、煤化程度及煤中矿物质的性质和含量有关。同一煤级的煤中，不同煤岩组分的真比重不同。丝质组的真比重最大，镜质组次之，壳质组最小。随着煤化程度的增高，各种煤岩组分的真比重逐渐接近。丝质组的真比重为 1.35～1.80，镜质组为 1.24～1.80，壳质组为 1.12～1.80。腐泥煤的比重明显低于腐植煤。

9. 煤的表面积

煤的表面积包括外表面积和内表面积两部分，但外表面积所占比例极少，主要是内表面积。煤的表面积用比表面积表示，即每克煤所具有的表面积，单位为 m^2/g。煤比表面积大小与煤的分子结构和孔隙结构有关。煤的比表面积与甲烷吸附能力呈正比关系，即比表面积大，瓦斯含量和煤层气含量也大。煤的比表面积对研究煤层中的煤层气/瓦斯赋存和瓦斯突出、CO_2 地质封存都具有实际意义。

10. 孔隙度

煤中毛细孔和裂隙之总体积与煤的总体积之比称为煤的孔隙度或孔隙率，也可用单位质量煤包含的孔隙体积(cm^3/g)表示。煤孔隙率的大小与煤级有关，随煤变质程度增大，孔隙率先降低后升高，褐煤的孔隙率高，为 8%～15%；无烟煤的孔隙率也较高，一般为 5%～10%；而中煤级烟煤的孔隙率较低，为 2%～6%。煤的孔隙率与煤中水分关系密切，也与显微煤岩组分和煤中矿物质含量有关。相同煤级的煤，孔隙率可有相当大的波动范围。

11. 煤的导电性

煤的导电性是指煤传导电流的能力，通常以电阻率表示。煤的导电性与煤化程度、煤中的水分、煤中矿物质的性质和含量、煤岩成分，以及煤的孔隙度、风化程度等有关。

褐煤的孔隙度大，含水多，并有溶于水中的腐植酸离子，所以褐煤的导电性好，电阻率小，属于水溶液离子导电。烟煤是不良导体，电阻率大，高煤级的烟煤至无烟煤，电阻率迅速减小，煤的导电性大大增强，无烟煤为良导体，属于自由电子导电。

低、中煤级的煤中，镜煤、亮煤比暗煤和丝炭的导电性差；但在高煤级烟煤和无烟煤中，情况相反，镜煤、亮煤的导电性比暗煤好。

煤的导电性与煤中矿物的性质和数量有关。一般烟煤的电阻率随矿物含量的增高而变小，而无烟煤则相反，电阻率随矿物含量的增高而增大。但煤中含黄铁矿时，则电阻率会显著降低。煤的电阻率还与煤的层状构造有关，沿层理面煤的电阻率较小，垂直于层理面方向煤的电阻率较大。当煤遭受风氧化时，电阻率明显下降。

12. 磁性

物体置于磁场内，和磁场相吸者称顺磁性物质，和磁场相斥者称抗磁性物质。抗磁性物质，其内部结构的原子或分子具有闭合的电子外层，即电子都已成对；顺磁性物质，其电子层上尚有未配对的电子。煤属于抗磁性物质。物质置于磁场内，其原子核吸收了磁场能，引起物质相对于磁场的自旋方向发生变化，这就是物质的核磁共振。煤的核磁共振是煤的重要磁性质之一。

研究煤的电磁性质，可以通过地球物理方法对瓦斯突出煤体探测、矿井灾害超前探测、智能化无人开采等方面提供物理基础，具有广阔的应用空间。

13. 导热性

煤作为燃料或者进行干储、气化、液化都需要考虑到煤的导热性。煤的比热是指 1 g 质量的煤，温度变化 1 ℃所需（释放）的热量（即热容）与水的热容（15 ℃的水）的比值。煤的比热有一定的波动范围，这是因为煤是复杂的有机高分子物质，并含有无机矿物质和水。煤的比热除受煤的煤化程度影响外，还受非煤物质及其含量的影响。

二、煤的孔隙和裂隙

煤是一种非均质的、各向异性并具有发达孔隙系统的固态介质。煤的孔径结构特征与其孔隙的赋存状态有关，孔径结构可极大地影响煤孔隙与气、液分子之间的相互作用。因此，正确认识煤的孔径结构是研究煤孔隙性及煤空间结构特征的基础。在煤及煤层气的研究领域，国内外学者一直认为煤储层是由孔隙、裂隙组成的“双重孔隙”结构系统（图 3-1），即包括煤层气赋存空间的基质孔隙和决定煤层气运移、产出的裂隙。

1. 孔隙分类及表征

根据煤孔隙成因类型，可将孔隙类型划分为原生孔、后生孔、外生孔和矿物质孔，其中原生孔、后生孔和矿物质孔的发育受控于显微煤岩组分和煤变质程度，外生孔则与显微煤岩组分和煤体变形程度关系密切。不同学者对煤的孔隙分类进行了研究，目前使用较多的是霍多特的十进制分类和国际纯粹与应用化学联合会（IUPAC）推荐的以2 nm和

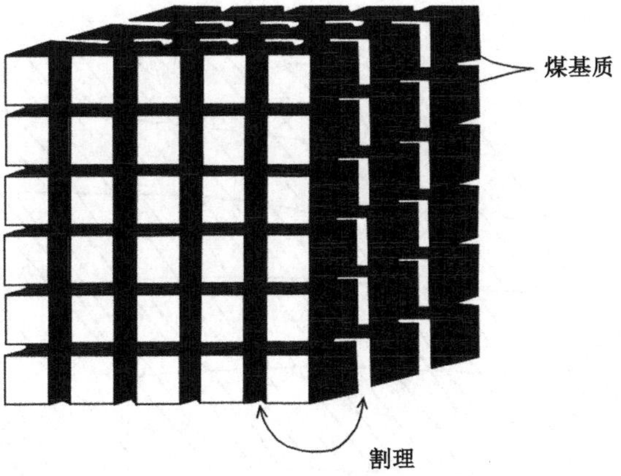

图 3-1 煤的双重孔隙系统

50 nm 作为微孔、过渡孔和大孔的分界线。另外，煤中小于 100 nm 的孔隙发育会直接影响煤层气的物理吸附和解吸过程，而大于100 nm 的孔隙（含显微裂隙）则与煤层气的渗流和产出关系更为紧密，因此也有学者将煤的孔隙类型划分为小于 100 nm 的吸附孔隙和大于 100 nm 的渗流孔隙。煤中孔隙结构定量表征技术及分析方法主要分为流体注入法、非流体注入法和图像分析法三类，具体包括 CO_2 吸附、低温氮气吸附、压汞法、核磁共振、CT 扫描、光学显微镜、扫描电镜、透射电镜、X 射线衍射和原子力显微镜等。表征煤孔隙结构的参数主要体现在孔隙比表面积、孔体积（孔容）、孔径分布、平均孔径、孔隙形态、孔隙连通性和孔隙分形维数等方面。

2. 裂隙分类及表征

按成因分类，煤中裂隙可分为内生裂隙、继承性裂隙和外生裂隙三大类别，不同类型构造煤与裂隙发育的类别和规模有密切联系。内生裂隙有大致互相垂直的两组，其中一组较发育，称为主要裂隙组；另一组较稀疏，称为次要裂隙组（图 3-2）。内生裂隙的影响因素包括煤的有机显微组分、矿物质（灰分）和煤的变质程度等内在因素，对于同一煤层而言，内生裂隙的发育受煤显微组分的绝对控制。研究表明，镜质组中的内生裂隙明显高于惰质组，且内生裂隙往往始于镜质组止于惰质组。对于不同镜质组中的亚组分而言，内生裂隙在均质镜质体中最为发育，其次为基质镜质体和碎屑镜质体，这往往使得光亮型煤的渗透率较大，具有条带结构和纤维结构的半亮型煤和半暗淡型煤其次，条带状暗淡型煤的渗透率较差。继承性裂隙和外生裂隙是在煤内在因素和外部因素（构造应力）共同作用下产生的，虽然不受显微组分的穿越限制，但多数沿原有内生裂隙进行扩展和延伸，因此压性裂隙、张性裂隙和剪切裂隙在镜质组中的发育密度依然高于惰质组。按大小和规模分类，煤中裂隙可分为宏观裂隙和显微裂隙，其中显微裂隙是沟通孔隙和宏观裂隙的桥梁，对煤层气和瓦斯的运移十分重要。据显微镜下观测统计结果，沁水盆地煤的显微裂隙发育具有明显的组分选择性，煤中显微裂隙密度与均质镜质体呈显著的正相关关系，而与基质镜质体、碎屑镜质体、丝质体、半丝质体和碎屑惰质体呈微弱的负相关关系。

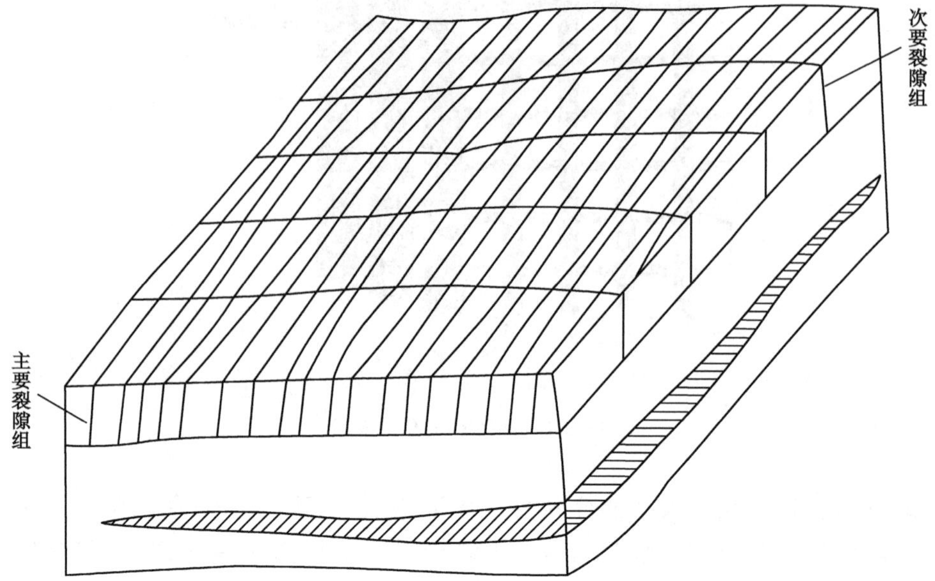

图 3-2　煤的内生裂隙示意图

三、煤的结构和构造

1. 煤的结构

煤的结构是指煤岩成分的形态、大小、厚度、植物组织残迹，以及它们之间相互关系所表现出来的特征，它反映了成煤原始物质的成分、性质及在成煤时和成煤后的变化。在低煤级煤中，煤的结构很清楚；随着煤化程度的增高，各种煤岩成分的性质逐渐接近，因而煤的结构就逐渐变得均一。

煤的结构分原生结构和次生结构两种。

(1) 原生结构

煤的原生结构是指由成煤原始物质及成煤环境所形成的结构。常见的原生结构有以下8种：

① 条带状结构：煤岩成分呈条带状相互交替出现且条带厚度大于1 mm。条带状结构在烟煤的半亮型煤和半暗型煤中最为常见，年轻褐煤和无烟煤中条带状结构不明显。

② 线理状结构：指镜煤、丝炭、黏土矿物等以厚度小于1 mm的线理断续分布于煤中，形成线理状结构。半暗型煤和半亮型煤中常见。

③ 凸镜状结构：指镜煤、丝炭、黏土矿物、黄铁矿等，常以大小不等凸镜体形式散布于煤中，构成凸镜状结构。半暗型和暗淡型煤中常见，有时光亮型煤中也可见到。

④ 均一状结构：指组成成分较单纯、均匀，形成均一状结构。如镜煤、腐泥煤、腐植腐泥煤类等，都具有均一状结构。光亮型煤和暗淡型煤有时也表现出均一状结构。

⑤ 粒状结构：煤中散布着大量的孢子或矿物杂质，使煤呈现出粒状结构。多见于暗煤

或暗淡型煤中。有时含黄铁矿鲕粒或含黄铁矿结核而呈鲕粒状结构或豆状结构，它们为粒状结构的变种。

⑥ 叶片状结构：煤中有大量的木栓层或角质层，使煤呈现纤细的页理，如叶片状、纸片状等，煤易被分成薄片。角质残植煤和树皮残植煤具有叶片状结构。

⑦ 木质状结构：煤中保存了植物茎部的木质纤维组织的痕迹，植物茎干的形态清晰可辨，称木质状结构。褐煤中常可见到木质状结构，有些低煤级烟煤中也可见到。

⑧ 纤维状结构：为丝炭所特有，它是植物根茎组织经丝炭化作用而形成的，可见到植物原生的细胞结构沿着一个方向延伸呈现出纤维状，疏松多孔。观察时在煤层层面的丝炭上才可见到。

（2）次生结构

煤的次生结构是指煤层形成后受到应力作用产生的各种次生的宏观结构。

① 碎裂结构：煤被密集的次生裂隙相互交切成碎块，但碎块之间基本没有位移，可看到煤层的层理。碎裂结构往往位于断裂带的边缘。手试强度可捻搓成厘米和毫米级碎粒。

② 碎粒结构：煤被破碎成粒状，主要粒级大于 1 mm。大部分煤粒由于相互移位摩擦失去棱角，煤的层理被破坏，碎粒结构往往位于断裂带的中心部位。手试强度易捻搓成毫米级碎粒或煤粉。

③ 糜棱结构：煤被破碎成很细的粉末，主要粒级小于 1 mm。有时被重新压紧，已看不到煤层的层理和节理，煤易捻成粉末。糜棱结构一般出现在压应力很大的断裂带中。

2. 煤的构造

煤的构造是指煤岩成分空间排列和分布所表现出来的特征。它与煤岩成分自身的特征（形态、大小等）无关，而与成煤原始物质聚积时的环境有关。煤的原生构造分为层状构造和块状构造。

（1）层状构造

沿煤层垂直方向上可看到明显的不均一性，主要是由组成成分不同而引起的，或是煤岩成分的变化，或含无机矿物夹层所引起，表现为层理。

按层理的形态，可分为水平层理、波状层理和斜层理等。水平层理（连续状、不连续状）反映泥炭沼泽内成煤原始物质是在平静的环境中几乎没有水流动的条件下沉积形成的。波状层理（不连续状、水平波状、凸镜状）反映植物堆积时沼泽内的水介质有微弱的运动。斜层理则反映水介质有强度较大的定向流动的堆积环境。

（2）块状构造

煤的外观均一，看不到层理，主要是成煤物质相对均匀，在沉积环境稳定滞水的条件下形成。腐泥煤、腐植腐泥煤及一些暗淡型腐植煤具有块状构造。

由于构造变动，煤产生次生构造，如滑动镜面、鳞片状构造、揉皱构造等。次生构造可改变或破坏煤的原生构造。次生构造与构造变动有关，对煤层进行观察和描述时应加以注意。

第二节　煤的化学组成、结构及工业分类

煤是一种可燃有机岩，它不仅是重要的燃料，而且是珍贵的冶金和化工原料。煤的种类很多，各有不同的性质和用途，这和它的化学组成和结构密切相关。

一、煤的化学组成

煤的化学组成很复杂，但归纳起来可分为两大类，即有机质和无机质。前者是煤的主要组成部分，也是加工利用的对象；后者包括无机矿物质和水分，绝大多数是煤中有害成分，对煤的加工利用起着负面的影响。

1. 煤中有机质及其元素组成

煤中有机质是由各种复杂的高分子有机化合物所组成的混合物。它们主要是由碳、氢、氧、氮和有机硫等元素构成的，此外还有极少量的磷和其他元素。碳和氢是煤有机质的主要组成元素，两者和氧加在一起占煤有机质的 95%以上。了解煤中碳氢含量，对于了解煤的变质程度和煤的性质有重要意义。

煤的有机质中各种元素的含量，因煤的种类、煤岩成分和变质程度的不同而异。对同一煤田的煤来说，煤中有机质的元素组成往往随着煤化程度加深而有规律地变化。其中，碳含量随着煤化程度加深而不断地增加，氢和氧的含量则趋于减少，至于氮含量的变化一般是略为减少，但其规律性不甚明显。我国煤的碳、氢含量的一般变化范围见表 3-1。

表 3-1　我国煤的碳、氢含量的一般变化范围

元素	牌号									
	弱黏结煤	不黏结煤	褐煤	长焰煤	气煤	肥煤	焦煤	瘦煤	贫煤	无烟煤
C_{daf}/%	75～85	68～88	60～77	74～80	79～85	80～89	87～90	88～92	88～92	90～98
H_{daf}/%	4.4～5.3	3.5～5.0	4.5～6.4	5.0～5.8	5.0～6.4	5.4～6.4	4.8～5.5	4.4～5.0	4.0～4.6	0.9～4.0

(1) 碳

碳是煤中有机质的主要成分，也是煤燃烧过程中产生效能的重要元素。每 1 kg 纯碳完全燃烧时能放出 8 140 kcal 的热量，煤燃烧时其中以有机化合物的形式存在着的碳比纯碳燃烧所放出的热量稍为高一些。在同一种煤中，不同煤岩成分的碳含量也有很大的差别，丝质组的碳含量比镜质组高。例如，我国峰峰煤田的中变质程度烟煤中，镜质组的碳含量(C_{daf})为 87.46%，而丝质组的碳含量高达 91.86%。

(2) 氢

氢和碳一样也是煤中有机质的重要元素。燃烧时，氢所产生的热量约为碳的 4.2 倍，每 1 kg 氢完全燃烧时能产生 34 188 kcal 的热量。从化学结构上看，氢在脂环和芳香稠核之中，在支链上与其他元素结合形成各种官能团。在煤化作用过程中，支链断裂而使氢逐渐减少，因此煤中氢含量(H_{daf})随着煤化程度加深而降低。如褐煤的氢含量(H_{daf})为 5%～6%，而无烟煤中氢的含量却只有 1%～3%。就同一种煤来说，在不同的煤岩成分中，以稳定组

的氢含量最高，丝质组最低。

（3）氧

氧在煤的有机质中以各种官能团的形式存在（如羧基、酚羟基或醇经基、碳基和氧键），分布在支链上或在稠核中构成杂环。在煤化作用过程中，由于温度的影响产生脱二氧化碳和脱水作用，因此煤中氧含量随着煤化程度加深而减少，其波动范围很大。泥炭中的氧含量为 30%～40%，至无烟煤阶段氧含量则减少为 2%左右。在同一种煤的不同煤岩成分中，以镜质组和丝质组的氧含量最高，稳定组的氧含量最低。

（4）氮

氮是煤中完全以有机状态存在的元素。虽然对煤中氮存在的形态至今还不完全了解，但可以肯定煤中氮主要由成煤植物中的蛋白质转化而来，有一部分可能是成煤过程中细菌活动的产物。随着煤化程度的增加，煤中氮的含量有所降低，以各种氨基酸及其衍生物（蛋白质由氨基酸组成）形态存在的氮仅在泥炭和褐煤中发现，在烟煤中已很少或几乎没有，因此研究煤中的氮含量及其存在形式，对于了解煤的成因具有重大的意义。煤燃烧时，其中氮以游离状态分解出来，并不产生热量。当煤进行干馏时，煤中大部分的氮转变成氨以及其他含氮化合物，可以进一步加工成氮肥、硝酸等产品。

（5）硫

硫是煤中的一种有害元素。含硫量高的煤，供燃烧、气化或炼焦使用时都会带来很大的危害。煤中硫的存在形式很多，通常分为有机硫和无机硫两大类。在有机质中所含的硫称为有机硫，它来自成煤植物本身或成煤过程中硫酸盐类与植物分解产物作用。硫化物硫中绝大多数以黄铁矿形态存在，所以人们习惯上称硫化物硫为黄铁矿硫，还有少量白铁矿。它们的分子式都是 FeS_2。在某些特殊矿床中还存在闪锌矿（ZnS）、方铅矿（PbS）、黄铜矿（$Fe_2S_3 \cdot CuS$）等。煤中无机硫分离的难易程度与矿物质颗粒的大小及分布状态有关。颗粒大而分布较为集中的易于分离，颗粒小而分布均匀的则难以分离。通常测定的是煤中的全硫量（S_t），即有机硫与无机硫的总和。这是煤质评价中的一项重要指标。全硫量中的有机硫和硫化物都能燃烧生成二氧化硫，所以这一部分硫统称为可燃硫。

煤中硫含量变化很大，往往与成煤的沉积环境密切相关。煤中的硫含量通常为 0.1%～10%，有的甚至高达 15%以上，我国煤中全硫量大都在 0.5%～3%之间。

（6）磷

煤中的磷是有害元素之一。煤中的磷主要以无机磷的形式存在，如磷灰石[$3Ca_3(PO_4)_2 \cdot CaF_2$]，也有微量的有机磷。由于无机磷的沸点很高（一般为 1 700 ℃以上），所以在煤灰化过程中磷不会挥发损失，而含量甚微的有机磷，虽然挥发，但对结果影响不大。我国煤中磷的含量不高，一般为 0.001%～0.1%，最高不超过 1%。虽然煤中磷的含量较少，但是它的危害性却很大。在煤炼焦时，煤中的磷转入焦炭，焦炭用于炼铁时又进入生铁中，当其含量超过 0.05%时就会使钢铁产生冷脆性，因此，磷含量是煤质的重要指标之一。炼焦用煤要求磷含量在 0.02%～0.03%以下。

2. 煤中无机质

煤中无机质主要是指水分和矿物质。煤中水分和矿物质的含量直接影响煤的质量和煤的加工利用。同时,矿物质的组成和赋存状态又与成煤条件密切相关。因此,研究煤中无机质对于充分认识煤的性质和成因,正确地进行煤质评价具有重要的意义。

(1) 水分

煤中水分按其结合状态可分为游离水和化合水(即结晶水)两大类。游离水是以物理吸附或吸着方式与煤结合的水分。化合水是以化合的方式同煤中的矿物质结合的水,它是矿物晶格的一部分,如硫酸钙($CaSO_4 \cdot 2H_2O$)和高岭土($Al_2O_3 \cdot 2SiO_2 \cdot 2H_2O$)中的结合水。煤中的游离水于常压下在105～110 ℃的温度下经过短时间干燥即可全部蒸发;而结晶水通常要在200 ℃,有的甚至要在500 ℃以上才能析出。在煤的工业分析中测定的水分只是游离水。

(2) 矿物质和煤灰

煤中矿物质含量的变化很大且成分也十分复杂。就矿物质的元素组成而言,有数十种之多,其中主要是硅、铝、铁、钙、镁、钠、钾、硫和磷等,它们分别以碳酸盐、硅酸盐、硫酸盐以及硫化物等盐类的形态存在。矿物质中绝大部分是铝硅酸盐,占总量的95%以上。

煤在燃烧过程中,矿物质发生了一系列的变化。煤在一定的温度(815 ℃)之下经过完全燃烧,矿物质完成了所有的变化以后,所剩余的残渣叫作灰分(即煤灰)。它实质上是矿物质经燃烧后生成的各种金属和非金属的氧化物与盐类,因此根据煤灰成分大致可以推测出煤的矿物成分。

矿物质和灰分是两个不同的概念,它们在成分上或数量上并不相等。灰分是矿物质经灼烧后不燃的固体残渣,煤灰本身并不存在于煤中,而是煤燃烧后的产物,测定的结果应称为“灰分产率”而不能叫作“灰分含量”。煤灰在数量上稍低于原有的矿物质含量,矿物质约为煤灰的1.08倍。

(3) 煤中稀有分散元素

煤中存在许多稀有、分散以及放射性元素,它们分别以有机或无机化合物的形态存在于煤中。煤中主要的稀有分散元素包括钒、锗、镓、硼、锂、锆、砷、金、银等。从煤中提炼富集程度较高的稀有分散元素具有很大的经济价值,因此在煤质研究和评价工作中必须给予应有的重视。

二、煤中有机质的化学结构

不同煤化程度的煤,或同一煤中不同的煤岩成分,它们的有机质特性各不相同,这主要是它们在化学组成和结构上的差异造成的。煤中有机质是许多复杂的高分子化合物,这个结论已被丰富的研究资料所证实。从成煤的全过程来看,成煤的原始物质(植物遗体)都是由高分子化合物组成的(如木质素、纤维素、蛋白质等),它们在成煤过程中经过分解、缩聚等作用,所形成的中间产物(腐植酸)也是高分子化合物。煤中大分子结构表征手段一般包括X射线衍射(XRD)、傅里叶变化红外光谱(FTIR)、激光拉曼(Raman)光谱、高分辨率透射电子显微镜(HRTEM)等。

煤主要由碳元素组成。按碳的结构位置,它被分为芳香碳和脂肪碳两种。脂肪碳之间以链状为主的形式连接,它在煤中所占比例较小。芳香碳是煤的主要组成部分。在芳香碳中，碳与碳之间以六环的形式连接成网状，构成平整但不太大的层片，称为芳香层片。一定数量的层片可以堆垛成类似石墨的层状结构。这种层状结构的最小集合体近似雏晶，称为煤的基本结构单元或晶核。面网间距用 d 表示，晶核的大小用 L_a 和 L_c 表示。L_a 为晶核的平均直径，也称为延展度，L_c 为层片堆垛的平均高度，也称为堆砌度（图 3-3）。

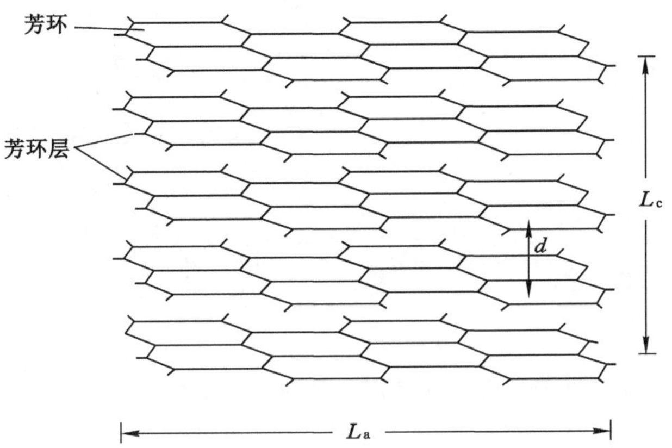

图 3-3 煤晶核结构示意图

随着煤化程度加深，有机质结构单元的脂肪族支链和官能团逐渐减少，有机质基本结构单元的缩合芳香核增大，面网间距不断缩小，平行和定向排列不断地趋于规则化，至无烟煤阶段，有机质才出现类似于石墨呈规则排列的三维空间晶态结构。

在煤化学结构的研究中，由于镜质组能很好地反映有机质的基本特性（如变质程度等），而且它较易纯净地分离出来，所以对镜质组的研究工作做得较多。图 3-4 是葛文(Given)提出的镜质组（碳含量 82%）分子结构模型，它的结构单元是一个稠核芳香系统，平均含有 2～4 个苯核，且还有杂环、脂环、官能团和短的脂肪族支链。当碳含量为 80%～90%时，它的芳香度一般为 0.7～0.8，随着煤化程度加深，芳香度不断提高，至无烟煤阶段则趋近于 1.0。非芳香族结构的碳原子主要是以氢化芳香结构的形式存在，并以此碳环连接各结构单元。若结构单元的种类和组合不同，则煤的性质也不相同，了解这一点对煤质研究是非常重要的。

关于稳定组和惰质组的分子结构，至今还研究得很少。稳定组来自孢子、角质、藻类和树脂等不同的物质，由于氢含量较高，可能氢化芳香结构也多，所以它的芳香特性一般不如镜质组那样明显，但总的看来它们的性质还是比较相似的，其结构基本上无甚差别。惰质组的非芳香部分较少，碳含量很高，其芳香核较大，有人认为可以把它看成在晶粒周围含有一些氢和氧的无定形碳。

综上所述，煤中有机质的基本结构单元主要是带有支链和各种官能团的缩合稠核芳香系统，支链、官能团与缩合芳香核之间的比例关系影响到煤的化学工艺性质。随着煤化程度加深，基本结构单元中六碳环的数量不断增加，支链和官能团逐渐减少。由于基本结构单元

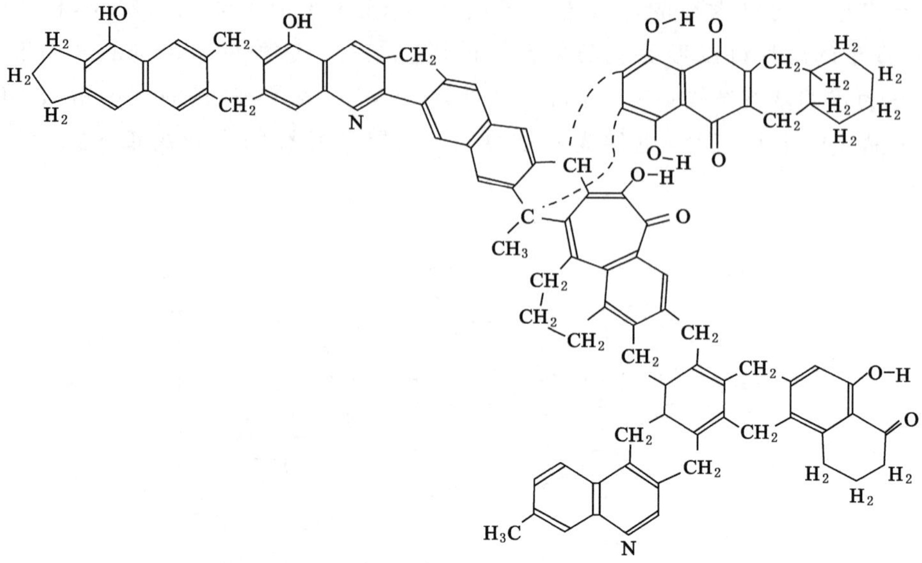

图 3-4　镜质组(C_{daf}＝82％)大分子结构模型

的六碳环的数量,支链、官能团的数量和性质,以及各基本结构单元之间的空间排列都不一致,因此煤的有机质是属于非均一的高分子缩聚物,而不是高分子聚合物。

三、煤的工业分类

《中国煤炭分类》(GB/T 5751—2009)将中国煤分为 14 大类,各大类煤的性质和主要用途如下(按煤变质程度由低至高排序):

1. 褐煤(HM)

分老褐煤和年轻褐煤。水分多,密度小,不黏结,含腐植酸,氧含量高,化学反应性强,热稳定性差,块煤加热时破碎严重,放在空气中易风化,碎裂成小块或粉末,发热量低。可作为电厂燃料、气化原料、锅炉燃料,有些可用于制造活性炭、磺化煤,部分年轻褐煤可抽提褐煤蜡或腐植酸。

2. 长焰煤(CY)

高挥发分低煤级烟煤,无黏结性至弱黏结性,年轻的长焰煤还含少量腐植酸,少量长焰煤加热时产生胶质体,形成细长焦炭,但其程度差、粉焦率高。一般用于气化、发电,也可作机车燃料。

3. 不黏煤(BN)

成煤时受一定程度氧化的低、中煤级烟煤,加热时不产生胶质体,无黏结性,煤的水分高、氧含量高,有次生腐植酸。一般用于气化、发电和民用燃料。

4. 弱黏煤(RN)

黏结性差的低、中煤级烟煤,加热时产生的胶体少,单独炼焦时焦炭的块度小,粉焦率很高。适于作气化用煤,电厂、机车和锅炉燃料;低灰低硫的弱黏结煤也可用于配煤炼焦。

5. 1/2 中黏煤(1/2ZN)

中、高挥发分,中等黏结性烟煤,部分可炼出一定强度的焦炭,部分炼出的焦炭强度差、粉焦率高。作炼焦配煤时可配入适量,也可作为气化用煤和动力用煤。

6. 气煤(QM)

煤化程度较低、挥发分较高的烟煤,受热后能生成一定量的胶质体,但胶质体的稳定性较差,黏结性从弱到中等均有。单种煤炼焦时产生出的焦炭细长、易碎,并有较多的纵裂纹,焦炭强度和耐磨性均较差。在炼焦中能产生较多的煤气、焦油和其他化学产品,多作为配煤炼焦使用,也是生产干馏煤制气的好原料。

7. 气肥煤(QF)

高挥发性、黏结性烟煤,单独炼焦时产生大量气体及液体产品。适于高温干馏煤制气,用于炼焦配煤时可增加化工产品的产率。

8. 肥煤(FM)

煤化程度中等的烟煤,在受热到一定温度时能产生较多的胶质体,有较强的黏结性,可黏结煤中一些惰性物质。用肥煤单独炼焦时,能产生熔融良好、强度高、耐磨强度好的焦炭,但焦炭有较多的横裂纹,焦根部分有蜂焦,其强度和耐磨性也比焦煤稍差,是炼焦配煤中的重要组分,或称炼焦配煤的基础煤,但不宜单独使用。

9. 1/3 焦煤(1/3JM)

中、高挥发分,强黏结性烟煤,单独炼焦时能产生熔融性良好、强度较高的焦炭,是良好的炼焦配煤。

10. 焦煤(JM)

烟煤中煤化程度中等或偏高的一类煤,受热后能产生热稳定性较好的胶质体,具有中等或较强的黏结性;单种煤炼焦时可炼成熔融好、块度大、裂纹少、强度高而耐磨性又好的焦炭,是一种优质的炼焦用煤。

11. 瘦煤(SM)

烟煤中煤化程度较高、挥发分较低的一种,受热后能产生一定数量胶质体,属于中等黏结性烟煤。单种煤炼焦时能炼成熔融不好、耐磨强度差,但块度较大、裂纹少、抗碎强度较好的焦炭。可作为炼焦配煤的原料,并可作为瘦化剂,也可作为民用和动力燃料。

12. 贫瘦煤(PS)

在烟煤中属煤化程度较高、挥发分较低的煤,受热后只产生少量胶质体,黏结性较差,其性质介于贫煤和瘦煤间。大部分作为动力或民用燃料,少量用于制造煤气。

13. 贫煤(PM)

烟煤中煤化程度最高、挥发分最低而接近无烟煤的一类煤,国外也有称之为半无烟煤。这种煤燃烧时火焰短、耐烧,但热值较高,无黏结性,加热后不产生胶质体,不结焦。多作为动力、发电或民用燃烧使用。

14. 无烟煤(WY)

煤化程度最高的一类煤,挥发分低,含碳量最高,光泽强,硬度高,密度大(纯煤真密度最高可达 1.9 g/cm^3),燃点高,无黏结性,燃烧时无烟。这类煤还按其挥发分产率及用途分为三个小类别:挥发分产率在 3.5%以下的无烟煤 01 号为年老无烟煤,用作碳素材料等高碳材料较好;挥发分产率大于 3.5%~6.5%的为典型无烟煤 02 号,是生产合成煤气的主要原料;

挥发分产率大于6.5%的为年轻无烟煤03号，可作为高炉喷吹燃料。这三类无烟煤都是较好的民用燃料。

无烟煤主要是民用和制造合成氨的原料。低灰低硫、可磨性好的无烟煤可作高炉喷吹及烧结铁矿石的燃料，也可制作各种碳素材料，如碳电极、阳极糊、活性炭等。

第三节　煤的宏观煤岩组成

拿到一块煤样，映入眼帘的首先是各种宏观煤岩成分，由这些宏观煤岩成分组合成不同的宏观煤岩类型。用显微镜观察时，煤是由各种显微煤岩组分所组成的，这些显微煤岩组分组合成不同的显微煤岩类型。不同的煤层，原来聚积条件的不同，导致煤岩组成也不相同。煤化过程中，各种煤岩组成发生了深刻的变化。

一、腐植煤的宏观煤岩成分

宏观煤岩成分是用肉眼可以区分的煤的基本组成单位，包括镜煤、亮煤、暗煤和丝炭。镜煤和丝炭是简单的煤岩成分，暗煤和亮煤是复杂的煤岩成分。

1. 镜煤

镜煤的颜色深黑、光泽强，是煤中颜色最深和光泽最强的成分。它质地纯净，结构均一，具贝壳状断口和内生裂隙。镜煤性脆，易碎成棱角状小块。在煤层中，镜煤常呈凸透镜状或条带状，条带厚几毫米至1～2 cm，有时呈线理状存在于亮煤和暗煤之中。

镜煤由植物的木质纤维组织经凝胶化作用转变而成。镜煤的显微组成比较单一，是一种简单的宏观煤岩成分。

2. 丝炭

丝炭外观像木炭，颜色灰黑，具明显的纤状结构和丝绢光泽，丝炭疏松多孔，性脆易碎，能染指。丝炭的胞腔有时被矿物质充填，称为矿化丝炭，矿化丝炭坚硬致密，比重较大。在煤层中，丝炭常呈扁平透镜体沿煤层的层理面分布，厚度多在1～2 mm至几毫米之间，有时能形成不连续的薄层；个别地区，丝炭层的厚度可达几十厘米以上。

丝炭由植物的木质纤维组织在缺水的多氧环境中缓慢氧化或由于森林火灾所形成。丝炭也是一种简单的宏观煤岩成分。丝炭的孔隙度大，吸氧性强，丝炭多的煤层易发生自燃。

3. 亮煤

亮煤的光泽仅次于镜煤，一般呈黑色，较脆易碎，断面比较平坦，比重较小。亮煤的均一程度不如镜煤，表面隐约可见微细层理。亮煤有时也有内生裂隙，但不如镜煤发育。在煤层中，亮煤是最常见的宏观煤岩成分，常呈较厚的分层，有时甚至组成整个煤层。

亮煤的组成比较复杂。它是在覆水的还原条件下，由植物的木质纤维组织经凝胶化作用，并掺入一些由水或风带来的其他组分和矿物杂质转变而成的。

4. 暗煤

暗煤的光泽暗淡，一般呈灰黑色，致密坚硬，比重大，韧性大，不易破碎，断面比较粗糙，一般不发育内生裂隙。在煤层中，暗煤是常见的宏观煤岩成分，常呈厚薄不等的分层，也可组成整个煤层。

暗煤的组成比较复杂。它是在活水有氧的条件下，富集了壳质组、惰性组或掺进较多的矿物质转变而成的。含惰性组或矿物质多的暗煤，质量较差；富含壳质组的暗煤，煤质较好，且比重往往较小。

二、宏观煤岩类型

各种宏观煤岩成分的组合有一定的规律，造成煤层中有光亮的分层，也有暗淡的分层。这些分层厚度一般为十几厘米至几十厘米，在横向上比较稳定。按宏观煤岩成分的组合及其反映出来的平均光泽强度，可划分为四种宏观煤岩类型，即光亮型煤、半亮型煤、半暗型煤和暗淡型煤。

1. 光亮型煤

主要由镜煤和亮煤组成（＞80％），光泽很强。由于成分比较均一，常呈均一状或不明显的线理状结构。内生裂隙发育，脆度较大，容易破碎。光亮型煤的质量最好，中煤化程度时是最好的冶金焦用煤。

2. 半亮型煤

亮煤和镜煤占多数(50％～80％)，含有暗煤和丝炭。光泽强度比光亮型煤稍弱。由于各种宏观煤岩成分交替出现，常呈条带状结构。具棱角状或阶梯状断口。

3. 半暗型煤

镜煤和亮煤含量较少(50％～20％)，暗煤和丝炭含量较多，光泽比较暗淡，常具有条带状、线理状或透镜状结构。半暗型煤的硬度、韧性和比重都较大。半暗型煤的质量多数较差。

4. 暗淡型煤

镜煤和亮煤含量很少(＜20％)，以暗煤为主，有时含较多的丝炭。光泽暗淡，不显层理，块状构造，呈线理状或透镜状结构，致密坚硬，韧性大，比重大。暗淡型煤的质量多数很差，但含壳质组多的暗淡型煤的质量较好，且比重小。

三、褐煤的宏观煤岩类型

按褐煤的煤化程度由低到高，可将褐煤细分为软褐煤(或土状褐煤)、暗褐煤和亮褐煤三个阶段。亮褐煤在宏观特征上接近于烟煤，四种宏观煤岩成分清楚可见，故其煤岩类型可用硬煤的方法来划分。但软褐煤和暗褐煤的宏观特征与硬煤大不相同，它们无光泽，不能划分出四种宏观煤岩成分，其宏观煤岩类型不同于烟煤和无烟煤。

第四节　煤的显微组成

在光学显微镜下能够识别出来的煤基本成分，称为显微煤岩组分。显微煤岩组分包括有机显微组分和无机显微组分，由植物遗体变化而成的为有机显微组分，而矿物杂质则称为无机显微组分。

运用光学显微镜研究煤，最常用的有两种方法：一种是把煤磨成薄片在透射光下进行研究，主要鉴定标志是显微组分的颜色（透光色）、形态、结构等。在低、中煤阶的煤中显微组分有红、黄、棕、黑等各种颜色，易于区别，但到了中、高煤阶显微组分逐渐变得不透明，不便于研究，所以煤薄片的研究受到一定的限制。另一种是把煤块的表面磨光，然后在反射光下进行研究。显微组分的主要鉴定标志除了颜色（反光色）、形态、结构外，还有凸起。不同的显微组分其磨损硬度不同，硬的组分不易磨损，显出凸起，软的组分则不显凸起。各种显微组分在反射光下呈现不同的灰色至白色。各煤阶的煤均可用光片在反射光下进行研究，但煤的光片只是代表煤层中某一点的情况。为了研究整个煤层或某些煤分层的性质，则要取有代表性的煤样，将其破碎缩分，取少量有代表性的煤粒，用胶结物黏结起来，制成煤砖粉片，然后在显微镜下进行研究。煤光片和煤砖粉片因制作方便，适用范围广，故得到广泛的应用。用反射光研究煤时，可在煤光片或煤砖粉片与物镜镜头间加上一种浸油（折光率为1.518），由于浸油与物镜光学玻璃的折光率相近，故光线不产生折射，提高了各组分显微影像的反差和清晰度。

一、显微煤岩组分分类的国内外对比

斯托普斯-赫尔伦（Stopes Heerlen）烟煤显微组分分类方案在1963年被写入《国际煤岩学手册》，随着煤岩学的广泛应用和分散有机质的研究，该分类方案早已不能满足煤岩学和有机岩石学研究的需要。1991年，国际煤和有机岩石学委员会（ICCP）决定成立工作小组，以反射光下的观察为基础，着手进行烟煤中显微组分新的定义和分类工作。经过多次修改和讨论，在1994年第46届ICCP年会上确定了镜质体显微组分组、亚组和显微组分的定义和分类。在后续的20多年时间内，ICCP又制定和发表了惰质体、腐植体和类脂体的定义和分类方案，这四个分类方案被统一命名为“ICCP system 1994”。需要指出的是，“ICCP system 1994”对显微组分的分类和命名，涵盖了截至目前煤和沉积岩中发现的几乎所有的显微组分的种类及其反光下和荧光下的光学特征，但是由于煤的岩石组成非常复杂，在个别的煤中还存在着有争议的或者“ICCP system 1994”分类体系中未包含的显微组分或其描述的光学特征。

我国煤岩学研究始于20世纪30年代，但是直到1980年才成立中国煤田地质专业委员会煤岩学组。自其成立以来，召开了很多次煤岩学学术会议，促进了中国煤岩学的发展，在制定关于煤的显微组分分类的中国国家标准方面做出了重要贡献。先后制定并完善了多个版本（GB/T 15588—1995、GB/T 15588—2001和GB/T 15588—2013）的国家标准《烟煤显微组分分类》。这几个版本总体上以《国际煤岩学手册》中显微组分定义和分类为基础，在三大显微组分组基础上，在GB/T 15588—1995中划分出介于镜质组和惰质组之间的半镜质组，在镜质组中还划分出鳞木结构镜质体等亚组分；在三个国家标准版本中，类脂组中均划分出了树皮体。与GB/T 15588—2001相比，GB/T 15588—2013将粗粒体具体区分为“粗粒体1”和“粗粒体2”两个显微亚组分。

在《烟煤显微组分分类》（GB/T 15588—2013）中，尚未完全采用“ICCP system 1994”的分类方法（表3-2）。这两个分类方案的主要区别是：① 在显微组分的分类等级上，前者采用了显微组分组、显微组分和显微亚组分的分类方案；“ICCP system 1994”采用了显微组分组、亚组和显微组分分类方案。② 在显微组分分类的依据上，国家标准《烟煤显微组分分

类》采用成因与工艺性质相结合的原则，以显微镜油浸反射光下的特征为主，结合透射光和荧光特征；“ICCP system 1994”主要依据反射光下的特征进行分类。两个分类方案对三个等级的划分依据也不相同，前者根据煤中有机成分的颜色、反射力、凸起、形态和结构特征划分出显微组分组，再根据细胞结构的保存程度、形态、大小以及光性特征的差异，将显微组分组进一步划分为显微组分和显微亚组分。③ 在显微组分/亚组分的分类上，国家标准《烟煤显微组分分类》将均质镜质体划入无结构的显微亚组分，而“ICCP system 1994”将胶质结构体(相对应于前者的均质镜质体)划入有结构的显微组分亚组中。“ICCP system 1994”将胶质碎屑体(相对应于前者的基质镜质体)划入具有碎屑特征的显微组分亚组中，而前者将其列入无结构的显微亚组。

表 3-2　国际和国内显微煤岩组分分类标准对比(ICCP system 1994 与 GB/T 15588—2013)

显微组分组 Group	ICCP 亚组 Subgroup	ICCP 显微组分 Maceral	中国国家标准和 Stopes Heerlen 分类中显微(亚)组分
镜质体/镜质组 Vitrinite	结构镜质组 Telovitrinite	镜质结构体 Telinite	结构镜质体 1 Telinite 1 结构镜质体 2 Telinite 2
		胶质结构体 Collotelinite	均质镜质体 Telocollinite
	碎屑镜质组 Detrovitrinite	镜质碎屑体 Vitrodetrinite 胶质碎屑体 Collodetrinite	碎屑镜质体 Vitrodetrinite 基质镜质体 Desmocollinite
	凝胶镜质组 Gelovitrinite	团块凝胶体 Corpogelinite 凝胶体 Gelinite	团块镜质体 Corpogelinite 胶质镜质体 Gelocollinite
惰质体/惰质组 Inertinite		丝质体 Fusinite	丝质体 Fusinite
		半丝质体 Semifusinite	半丝质体 Semifusinite
		真菌体 Funginite	真菌体 Funginite
		分泌体 Secretinite	分泌体 Secretinite
		粗粒体 Macrinite	粗粒体 Macrinite
		微粒体 Micrinite	微粒体 Micrinite
		惰质碎屑体 Inertodetrinite	碎屑惰质体 Inertodetrinite
类脂体/壳质组 Liptinite/ Exinite		角质体 Cutinite	角质体 Cutinite
		木栓质体 Suberinite	木栓质体 Suberinite
		孢子体 Sporinite	孢粉体 Sporinite
		树脂体 Resinite	树脂体 Resinite
		渗出沥青体 Exsudatinite	渗出沥青体 Exsudatinite
		叶绿素体 Chlorophyllinite	
		藻类体 Alginite	藻类体 Alginite
		类脂碎屑体 Liptodetrinite	碎屑壳质体 Liptodetrinite
		沥青质体 Bituminite	沥青质体 Bituminite
			树皮体 Barkinite
			荧光体 Fluorinite

在中国国家标准中，一直缺少褐煤的显微组分分类，中国学者主要依据《国际煤岩学手册》中褐煤显微组分分类，结合我国褐煤工作实践，将其划分为腐植组、惰质组、类脂组三种显微组分组，后两种命名与烟煤类似，但腐植组划分方案与烟煤差异较大(表 3-3)。

表 3-3　腐植组显微组分组的次级划分方案(ICCP system 1994)

<table>
<tr><th>显微组分组
Group</th><th>显微组分亚组
Subgroup</th><th>显微组分
Maceral</th><th>显微亚组分
Submaceral</th><th>显微组分种
Maceral Variety</th></tr>
<tr><td rowspan="5">腐植体
Huminite</td><td rowspan="2">结构腐植体
Telohuminite</td><td>木质结构体 Textinite</td><td></td><td>A(暗)
B(浅)</td></tr>
<tr><td>腐木质体 Ulminite</td><td></td><td>A(暗)
B(浅)</td></tr>
<tr><td>碎屑腐植体
Detrohuminite</td><td>细屑体 Attrinite
密屑体 Densinite</td><td></td><td></td></tr>
<tr><td rowspan="2">凝胶腐植体
Gelohuminite</td><td>团块腐植体
Corpohuminite</td><td>鞣质体
Phlobaphinite
假鞣质体
Pseudophlobaphinite</td><td></td></tr>
<tr><td>凝胶体 Gelinite</td><td>均质凝胶体
Levigelinite
多孔凝胶体
Porigelinite</td><td></td></tr>
</table>

二、煤的有机显微组分

煤的有机显微组分可划分为三大组：镜质组、惰性组和壳质组。每个显微组分组中，可根据形态和结构的不同，分成不同的显微组分。下面根据“ICCP system 1994”与 GB/T 15588—2013 国家标准分类，以中国国家分类标准为主线，对常见烟煤的有机显微组分进行介绍。

1. 镜质组

镜质组是煤中最常见、最重要的显微组分组。它是由植物的根、茎、叶在覆水的还原条件下，经过凝胶化作用转化形成的显微组分集合。低、中煤阶时，镜质组在透射光下呈橙红、褐红色，在反射光下呈灰至浅灰色，氧含量较高，氢含量中等，碳含量较低；挥发分产率较高，具最好的黏结性，是炼焦的最主要成分。镜质组可分为三种显微组分，即结构镜质体、无结构镜质体和碎屑镜质体。

(1) 结构镜质体

凝胶化程度进行不彻底，植物细胞结构保存好，可以演化为煤中的结构镜质体。结构镜质体为植物细胞壁；细胞腔往往被无结构镜质体、树脂体、微粒体或黏土矿物所充填，胞腔充填物不属于结构镜质体。根据细胞结构保存的完好程度，又可分为以下两种亚组分：

① 结构镜质体1：细胞结构保存完好，孢腔排列整齐，胞壁不膨胀或稍有膨胀（图版Ⅰ-1）。

② 结构镜质体2：细胞结构保存较差，植物细胞壁膨胀拉伸变形，胞腔变小，胞腔大小不一，排列不整齐（图版Ⅰ-2）。

根据解剖结构特征，可区分出科达木结构镜质体、鳞木结构镜质体、松柏-银杏结构镜质体、真菌结构镜质体等显微组分种。

（2）无结构镜质体

凝胶化作用进行彻底，植物细胞结构消失，可演化为煤中的无结构镜质体。据形态、产状和成因的不同，又可分为以下四个亚组分：

① 均质镜质体：植物木质纤维组织经凝胶化作用变成均一状的凝胶。在煤中呈透镜状或条带状产出。均质镜质体轮廓清楚，成分均一，不含任何其他杂质（图版Ⅰ-3、图版Ⅰ-4）。

② 胶质镜质体：指胶体腐植溶液充填到植物胞腔或其他空腔中沉淀形成的凝胶（图版Ⅰ-5）。

③ 基质镜质体：植物木质纤维组织经彻底的凝胶化作用变成极细的分散腐植凝胶或胶体溶液，后经凝聚而成。它呈基质状态，作为其他各种显微组分的胶结物出现（图版Ⅰ-6）。

④ 团块镜质体：呈圆形或椭圆形单体或群体分布。它是由植物细胞壁分泌出的树皮鞣质体所形成的，也可由腐植凝胶形成（图版Ⅰ-7）。

（3）碎屑镜质体

粒度小于10 μm的镜质体，多呈粒状或不规则形状，如果是圆形碎屑，其最大直径为10 μm。由细胞壁形成的长条形碎屑，短轴直径应小于10 μm。大多来源于泥炭化阶段就已被分解了的植物或腐植泥炭的颗粒。碎屑镜质组与其他镜质组的组分在一起时不易区分开，只有被不同的显微组包围时才可观察到（图版Ⅰ-8）。

2. 惰质组

又称惰性组或丝质组，是煤中常见的显微组分组。它是由植物的根、茎、叶等组织经过丝炭化作用后在泥炭沼泽中沉积下来形成的显微组分集合。惰质组在透射光下为黑色不透明，反射光下为亮白色至黄白色；碳含量最高，氢含量最低，氧含量中等；磨蚀硬度和显微硬度高。凸起高，挥发分低，没有任何黏结性。惰质组的芳构化程度高，反射率高，由于泥炭化时期经受氧化甚至火焚，惰质组反射率在煤化作用期间变化较小。惰质组包括丝质体、半丝质体、粗粒体、分泌体、微粒体、真菌体和碎屑惰质体等显微亚组分。

（1）丝质体

① 火焚丝质体：与森林火灾有关。火焚丝质体常具有特别薄的细胞壁，植物的细胞壁保存非常好，甚至细胞间隙也清晰可见，有时可见年轮，胞腔通常是空的，也可充填黏土、黄铁矿等。火焚丝质体具有高的反射率、淡黄的颜色和高的凸起，很脆，易碎裂成极小的碎片（图版Ⅱ-1）。

② 氧化丝质体：氧化丝质体的细胞结构保存差，细胞壁较厚或细胞排列不规则，反射色为白色，反射率低于火焚丝质体。氧化丝质体可以由植物经真菌分解形成，也可以由泥炭表层遭受氧化形成，或者含氧地下水渗入煤层，使一些煤岩组分氧化形成。

关于丝质体的火焚成因和氧化成因目前还有争议，有一些学者认为，煤中所有观察到的丝质体都可以用野火活动来解释，认为丝质体都是不完全燃烧的产物。

（2）半丝质体

丝质体和结构镜质体之间的中间阶段称半丝质体。它为半木炭化的植物组织，细胞结构保存较差；磨蚀硬度、显微硬度中等，凸起中等；反射光下呈灰色至白色，透射光下呈褐色至黑色，具各向异性，反射率中等；碳、氢含量处于丝质体和结构镜质体之间（图版Ⅱ-2、图版Ⅱ-3）。

（3）粗粒体

无定形、无结构、高反射率的非颗粒状基质，粗粒体集合体的最小直径大于10 μm（图版Ⅱ-4）。反射光下为白色至浅灰色，透射光下为黑色至褐色，磨蚀硬度与镜质组相近，在磨光面上一般不显凸起。粗粒体可能来源于絮凝的腐植质基质，由于短暂的地下水位下降，这些腐植基质物质在早期炭化过程中经历过脱水和氧化还原过程所致。粗粒体也可能是真菌和细菌的代谢产物，孤立存在的粗粒体的集合体可能来自粪化石。低煤阶煤中粗粒体可能形成于缓慢的泥炭火灾。

（4）分泌体

分泌体形状通常为圆形-椭圆形，有气孔或无气孔，无明显植物结构（图版Ⅱ-6）。虽然分泌体常近圆形，但也可能以月牙形或多边形的形式产出。分泌体可能有特征性裂隙，也可能有氧化边和内部裂隙。分泌体与粗粒体的区别在于前者常呈圆形或等大的，有更高的凸起；与团块镜质体的区别在于前者有更高的反射率，粒径更大，且常有裂隙、氧化边和气孔。分泌体的来源尚不完全清楚，普遍认为分泌体是树脂的氧化产物，高度富集的分泌体可能是在野火或强降解作用下选择性富集了腐植质凝胶或氧化树脂的结果。

（5）微粒体

微粒体由粒径小于1 μm的圆形小颗粒组成。反射光下为浅灰色至白色，不显凸起；透射光下为黑色或暗褐色，一般需放大到400倍以上才能清晰辨别。微粒体可充填在细胞腔中，也可分散在无结构镜质体中，或聚集成微粒体层，有时细胞壁完全变为微粒体（图版Ⅱ-8）。微粒体的反射率高于镜质组，但其磨蚀硬度与镜质组相同。微粒体集合体中的细小颗粒可能有不同的来源。有些微粒体被称为在煤化作用中形成的“次生显微组分”，可能是厚壁组织的煤化作用产物。更多情况下，微粒体是类脂物质（壳质组或富氢镜质组）的残渣。

（6）真菌体

主要由高反射率的单细胞或多细胞真菌孢子、菌核、菌丝、菌丝体（菌基质和菌根）及其他真菌遗骸组成。古近纪、新近纪及更年轻沉积物中的真菌体主要由圆形单细胞到椭圆形多细胞组成。根据细胞数量可将其分为单细胞真菌孢子、双细胞真菌孢子和多细胞真菌孢子、纺锤形的冬孢子和多细胞圆形的菌核。真菌体也以管状形式（菌丝）和细管结构（菌丝体和密丝组织）出现。真菌体在较老的古生代煤和沉积物中较罕见，主要以菌核衍生物和不同类型的真菌组织的形式出现（图版Ⅱ-5）。

（7）碎屑惰质体

碎屑惰质体是丝质体、半丝质体、粗粒体和菌类体的碎片或者残体；通常小于30 μm，棱角状外形，也有圆形；反射光下呈浅灰色或白色，透射光下呈黑色至暗褐色，一般具有较高的反射率，磨蚀硬度较大(图版Ⅱ-7)。需要注意的是，粒径小于 2 μm 的颗粒应当鉴定为微粒体，另外无论尺寸大小，那些惰性的、孤立存在的并具完整细胞和"弧形结构"的弯曲细胞壁碎片属于丝质体或半丝质体，不能鉴定为碎屑惰质体。

泥炭表层细粒状腐植质被真菌和放线菌分解变黑而成为碎屑惰质体，森林沼泽火灾后木炭细碎屑被风吹或水流搬运并在水下沉积，形成碎屑惰质体。

3. 壳质组

壳质组又称稳定组、类脂组。壳质组由比较富氢的植物物质，如孢粉质、角质、木栓质、树脂、蜡、香胶、胶乳、脂肪和油所组成。此外，蛋白质、纤维素和其他碳水化合物的分解产物也可参与壳质组的形成。壳质组在透光下一般为黄色，反射光下多数为深灰色、灰色(低煤级)，一般不具凸起。壳质组组分的氢含量高，加热时能产出大量的焦油和气体，具有很强的生烃潜力。低煤级煤中壳质组很常见，到中煤化阶段以后壳质组数量很少。

(1) 孢子体/孢粉体

孢子是孢子植物的繁殖器官。煤中的孢子体是孢子的外细胞壁，其内壁主要由纤维素组成，成煤过程中和孢腔内的原生质一起被破坏。外孢壁主要由孢粉质组成，致密坚硬，容易保存下来。异孢植物的孢子有雌雄之分。雌性孢子个体大，称大孢子；雄性孢子个体小，称小孢子。同孢植物的孢子无雌雄之分。大孢子的直径一般大于 100 μm。大孢子的外缘多半光滑，有时表面有瘤状、棒状、刺状等各种纹饰(图版Ⅲ-1、图版Ⅲ-2)。小孢子的直径一般小于 100 μm，多呈扁环状、细短的线条状或蠕虫状等，有时分散或聚集在一起成小孢子堆。古生代的煤主要由孢子植物形成，煤中孢子很多；中新生代成煤植物以裸子及被子植物为主，煤中花粉较多，孢子减少。

(2) 角质体

角质体是覆盖在叶、种子、叶柄、细茎上的一层透明的角质表皮层，不具细胞结构，抗化学反应的能力强，细菌和真菌很难破坏它，能防止水分蒸发，抵抗摩擦和起保护植物的作用。在垂直于层理的切面上，角质体呈细长条带状，外缘光滑，内缘具锯齿状结构(表皮细胞的印痕)，且末端折曲处呈尖角状的特征(图版Ⅲ-3、图版Ⅲ-4)。

(3) 树脂体

树脂体为植物的细胞分泌物，如树脂、蜡质和脂类物质，它的主要作用是防止细菌的侵入和水分的蒸发。树脂体呈球形、卵形、纺锤形、小杆状，有时充填胞腔(图版Ⅲ-5、图版Ⅲ-6)。磨蚀硬度和镜质组相近，故一般无凸起或凸起不高，表面比较均一。有的树脂体受一定程度的氧化，可看到外圈和内圈的颜色深浅不同。"ICCP System 1994"将荧光体看作树脂体的一种，这是因为树脂体的荧光强度变化很大，孤立的荧光体难以与树脂体进行区分。古近纪-新近纪煤中树脂体较多，有人称之为琥珀，如我国辽宁抚顺古近纪-新近纪煤，也被称为琥珀煤。

(4) 木栓质体

木栓质体由植物树皮的木栓组织转变而来。在我国古生代煤中，木栓质体的分布相当广泛，我国南方晚二叠世的煤中尤其丰富，如江西乐平、浙江长广等地的树皮残植煤。木栓质体由数层至十几层扁平的长方形木栓细胞组成，排列紧密，纵切面呈叠瓦状结构，弦切面呈鳞片状结构(图版Ⅲ-7)。有时由于凝胶化作用较强，木栓体的细胞结构不太清楚。

(5) 藻类体

藻类体由单细胞生物或浮游和底栖的藻类形成，因此藻类体多存在于腐泥煤及腐植腐泥煤中。根据形态包括结构藻类体和层状藻类体，结构藻类体指能识别出藻类形态和结构的显微组分，层状藻类体不显示藻类原始形态和结构特征。在古生代的藻煤中，主要有两种类型的藻类，即皮拉藻和轮奇藻。酸度较大的沼泽中，一般不适宜藻类生活，故藻类小而少。由于藻类仅生长于深水地带，故藻煤的分布范围不大。在所有的显微组分中，藻类体的反射力最弱而荧光性最强，荧光色为亮绿黄色。藻类具较大的磨蚀硬度，故磨光面上常呈正凸起。

(6) 沥青质体

沥青体是藻类、浮游动物、细菌和一些类脂物质的分解产物，常出现在腐植腐泥煤、腐泥煤和油页岩中。它没有固定的形状，而是作为其他显微组分的基质出现。在煤化作用过程中，沥青体可生成石油类物质，其残余产物为微粒体。沥青体多见于低煤化程度的煤中。它是腐泥煤和其他水下生成的富类脂组煤的特征组分，也是油页岩和其他油源岩中占优势的组分。

(7) 渗出沥青体

渗出沥青体是煤化过程中新产生的组分，是由树脂体、角质体、树皮体、孢子体和富氢镜质体形成的次生显微组分，在亮褐煤和低煤化程度烟煤中最为常见。渗出沥青体产状特殊，充填在煤的裂隙、层面、细胞空腔或其他孔隙中，呈脉状穿插，有时切割层理。渗出沥青体多出现在富含壳质组和基质镜质体的煤岩类型中。

(8) 叶绿素体

叶绿素体主要为直径在 1～5 μm 的小圆形颗粒，具有红色荧光特性。在极少数情况下，藻类的叶绿素体直径可能达到 100 μm。当其保存良好时，很容易通过红色荧光识别，但当其保存不完整时则鉴别困难。在难以鉴别时，它通常会被鉴定为碎屑壳质体。在紫外光或蓝光激发后的几分钟，它的红色荧光将逐渐变为淡橙色。

(9) 树皮体

在油浸反射光下呈灰黑色至深灰色，低凸起或微凸起。树皮体有多种保存形态，常为多层状，有时为多层环状或单层状等。在纵切面上，由扁平长方形细胞叠瓦状排列而成，呈轮廓清晰的块状。水平切面上呈不规则的多边形。透射光下呈柠檬黄、金黄、橙红及红色。具有明显的亮绿黄色、亮黄色至黄褐色荧光，各层细胞的荧光强度不同，荧光色差异较大。

(10) 荧光体

由植物分泌的油脂等转化而成的具强荧光的类脂体。在蓝光激发下发很强的亮黄色或亮绿色荧光。荧光体常呈单体或成群的粒状、油滴状及小透镜状，主要分布于叶肉组织间隙或细胞腔内。油浸反射光下为灰黑色或黑灰色，微凸起，透射光下为柠檬黄色或黄色。

(11) 碎屑壳质体

碎屑壳质体由孢子、角质层、树脂体、木栓层或藻类的碎片或分解残体组成。其大小一般只有几微米，来源不明，形态各异，如呈棒状、尖锐碎片、线状、圆形等(图版Ⅲ-8)。低反射率和强的荧光性是它们的共同特点。由于碎屑很小，所以很难判别它们的母质是哪一种壳质组分。

三、煤的无机显微组分

1. 煤中矿物质的来源

煤中除了有机质以外，还有一些无机成分，即矿物质。煤中的矿物质按来源可分为三类。

(1) 原生矿物

成煤植物在生长过程中，通过根部吸收溶于水中的一些矿物质，以促进新陈代谢作用的进行。这些矿物质中，以钙、钾、磷、硫、氮、镁较多，其次为硅、铁、锰、钾、锌、铜、钼、钠和铝等。这些矿物质燃烧后产生的灰分，一般称为内在灰分。

(2) 同生矿物

同生矿物是在泥炭堆积时期，由风和流水带到泥炭沼泽中和植物一起堆积下来的碎屑物质，主要是石英、黏土矿物、长石、云母、各种岩屑，以及少量的重矿物，如锆石、电气石、金红石等，还有由胶体溶液中沉淀出来的化学成因和生物成因的矿物，如黄铁矿、菱铁矿、蛋白石、玉髓。这些同生矿物多数是细粒的，且与煤紧密共生，在平面上分布比较稳定，有时可用于鉴别和对比煤层。不同的聚积环境中同生矿物的数量和种类有很大的不同。如近海环境形成的煤层中黄铁矿较多，陆相环境形成的煤层中黏土矿物和石英碎屑多。同生矿物是煤中灰分的主要来源。

(3) 后生矿物

煤层形成固结后，由于地下水的活动，溶解于地下水中的矿物质，因物理化学条件的变化而沉淀于煤的裂隙、层面、风化溶洞中和细胞腔内，这些矿物称为后生矿物，主要有方解石、石膏、黄铁矿和高岭石、石英等。有时由于岩浆热液的侵入，也可形成一些后生矿物，如石英、闪锌矿、方铅矿、石墨等。煤中的后生矿物多数是薄膜状、脉状等，往往切穿层理。

2. 煤中矿物质的种类

煤中的矿物杂质有黏土矿物、碳酸盐矿物、硫化物、氧化物、氢氧化物、盐类，还有一些重矿物和痕量元素。黏土矿物是最重要的矿物质，占煤中矿物质总量的60%～80%。常见的黏土矿物有高岭石、伊利石、蒙脱石和绿泥石。煤中常见的碳酸盐矿物有菱铁矿、方解石和铁白云石。煤中最常见的硫化物是黄铁矿，有时还可见到白铁矿、方铅矿、闪锌矿和黄铜矿。煤中最常见的氧化物为石英，有时可见到玉髓、蛋白石、赤铁矿和磁铁矿等。

本章思考题

1. 煤的物理性质有哪些？
2. 煤的主要化学组成元素有哪些？
3. 煤的工业分类有哪些？
4. 煤的宏观煤岩成分和类型有哪些？
5. 煤的显微组分有哪几类？各自的显微镜下特征有何差异？

第四章　煤地质学在相关领域中的应用

第一节　古环境古气候重建

煤是一种常见的固体能源，也是一种敏感的沉积物，在成煤过程中，成煤地质条件在煤层中或多或少地留下一些痕迹，特别是厚度较大的煤层，其中蕴含的成煤期地质信息更为丰富。基于煤岩学分析，可以对泥炭地古环境和古气候进行重建分析。

一、古环境重建

根据煤的显微组分组成和显微煤岩类型组合，可划分出不同的泥炭沼泽相，即煤相。煤相可以反映成煤植物群落、成煤气候及泥炭聚积环境，如地下水位、营养情况、酸碱度、氧化还原电位、细菌活动情况、海水影响等。常用的 5 个煤相指标分别是植物结构保存指数(TPI)、凝胶化指数(GI)、森林指数(WI)、地下水流动指数(GWI)和镜惰比(V/I)，前 4 个煤相指标的计算公式如下：

$$\text{TPI}=(\text{结构镜质体}+\text{均质镜质体}+\text{半丝质体}+\text{丝质体})/(\text{基质镜质体}+\text{粗粒体}+\text{碎屑惰质体})$$

$$\text{GI}=(\text{镜质组}+\text{粗粒体})/(\text{半丝质体}+\text{丝质体}+\text{碎屑惰质体})$$

$$\text{WI}=(\text{结构镜质体}+\text{均质镜质体})/(\text{基质镜质体}+\text{碎屑镜质体})$$

$$\text{GWI}=(\text{胶质镜质体}+\text{团块镜质体}+\text{矿物质}+\text{碎屑镜质体})/(\text{结构镜质体}+\text{均质镜质体}+\text{基质镜质体})$$

根据研究煤样的显微煤岩组分特征，将柴达木盆地北缘中侏罗统大煤沟组煤样划分为 4 类煤相(图 4-1)，具体包括类型Ⅰ(煤样 3、6、8、12 和 13)、类型Ⅱ(煤样 4 和 5)、类型Ⅲ(煤样 2、7、9 和 11)和类型Ⅳ(煤样 10)。这 4 类煤相类型分别是潮湿森林沼泽、过渡森林沼泽、干燥森林沼泽、开放水体泥炭沼泽。具体来说，煤相Ⅰ具有较高的沉积水位和较高的凝胶化程度，在这样的沼泽类型中，经常可以发现镜质组含量高于 60%的光亮型煤和半亮型煤等宏观煤岩类型。因此，煤相Ⅰ中的煤样具有较高的 TPI(>1)、GI(>4)、WI(>0.5)、V/I(>4)和较低的 GWI(<0.5)。过渡森林沼泽在凝胶化程度上与潮湿森林沼泽较为相似，不同之处在于具有较高的生物降解和较低的森林化程度。因此，煤相Ⅱ中的煤具有较高的 GI(>4)、V/I(>2)和较低的 TPI(<1)、WI(<0.5)、GWI(<0.5)。干燥森林沼泽煤相与前两个煤相特征较为不同，具有较高的 TPI、GWI 和较低的 GI，其 GI(<4)、V/I(<2)、TPI(>1)、WI(>0.5)和 GWI(>0.5)。另外，由于微生物活动影响不同，此类型煤相中的 TPI 变化范围较大[图 4-1(a)]。开放水体泥炭沼泽则具有较强的地下水流动强度和较高的微生物降解能力[图 4-1(b)],此煤相指标的变化特征是具有较低的TPI(＜1)、较低的 GI(＜4)、相对较高的 GWI(＞1)、较低的 WI(＜0.5)和V/I(＜2)。

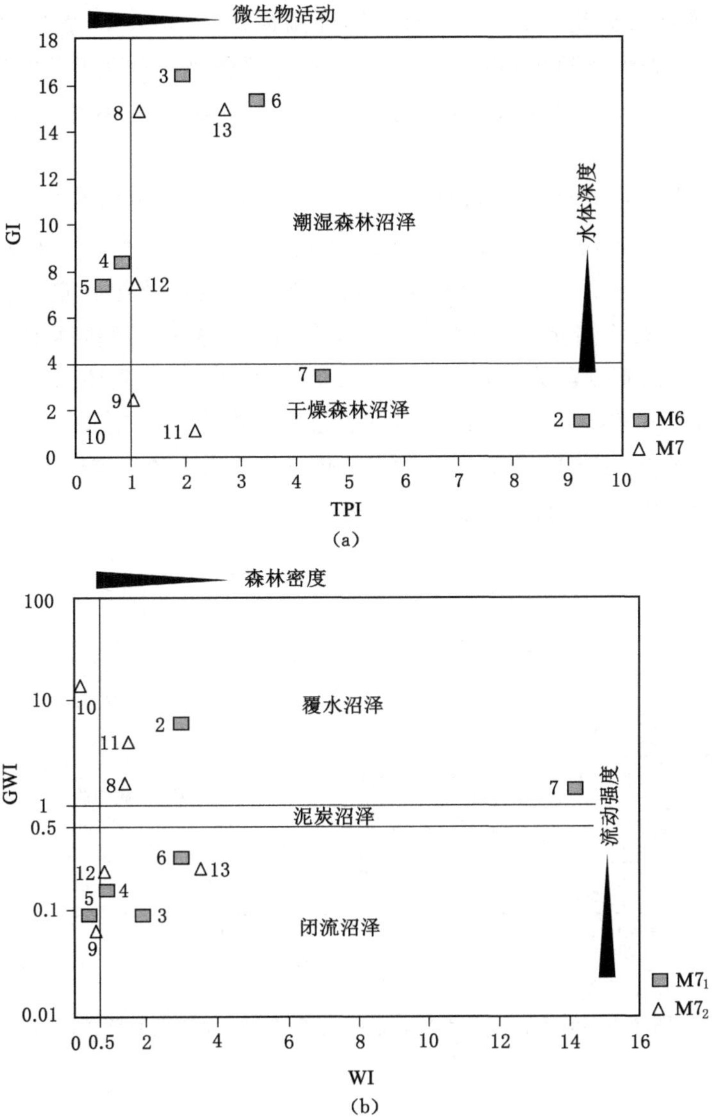

图 4-1　柴北缘鱼卡煤田中侏罗统 M7 煤层煤相分布图解

近年来,煤相参数在应用方面存在一些争议,但不可否认其在煤地质学发展过程中发挥了重要作用。

二、古气候重建

丝质体作为惰质组中的主要显微组分,其沉积形式很大程度上取决于森林野火的性质以及丝炭碎片的大小,其中微观大小的丝炭碎片飘浮在空中,可以进行长距离搬运,随后沉积至泥炭沼泽、河流、湖泊或开放的海盆,因此一直以来作为野火活动发生的证据。近年来,丝炭更多地应用到野火发生频率以及古气候演化研究等方面。

丝质体反射率随煤化程度增加变化非常微弱,因此利用丝质体反射率可以恢复古火灾的燃烧温度并确定其类型。其中,地面火燃烧温度约为 300 ℃,燃烧物主要为凋落物下方的有机材料;地表火燃烧温度约为 600 ℃,主要燃烧物为凋落物、林下植被区的草本植物与灌木等;冠层火燃烧温度最高能够达到 800 ℃及以上,主要燃烧物为树木冠层和较大型灌木。

由于大多数煤中惰质组的产生可以用野火和炭化来解释,因此古大气中的氧含量可以根据煤中的惰质组含量来预测。它们之间的相关性可以描述为:$I=\{0.5-0.5\cos[\pi(o-o_{\min})/(o_{\max}-o_{\min})]\}^n$,其中 o 是氧水平,I 代表无矿物基下的平均惰质组含量,$o_{\max}$是惰质组达到100%时的氧浓度,$o_{\min}$是无惰质组的氧浓度。准噶尔盆地南缘中侏罗统西山窑组下段、中段和上段的无矿物基平均惰质组含量分别为 40.5%、22.6%和 16.1%。具体而言,西山窑组下部氧气浓度为 26.78%,西山窑组中部为 24.55%,西山窑组上部为 23.55%(图 4-2),因此西山窑组古氧气浓度从底部逐渐下降到顶部。氧气浓度变化对于动植物的生存环境以及野火发展起着重要作用,如底栖动物的呼吸、代谢率和生物量密度。

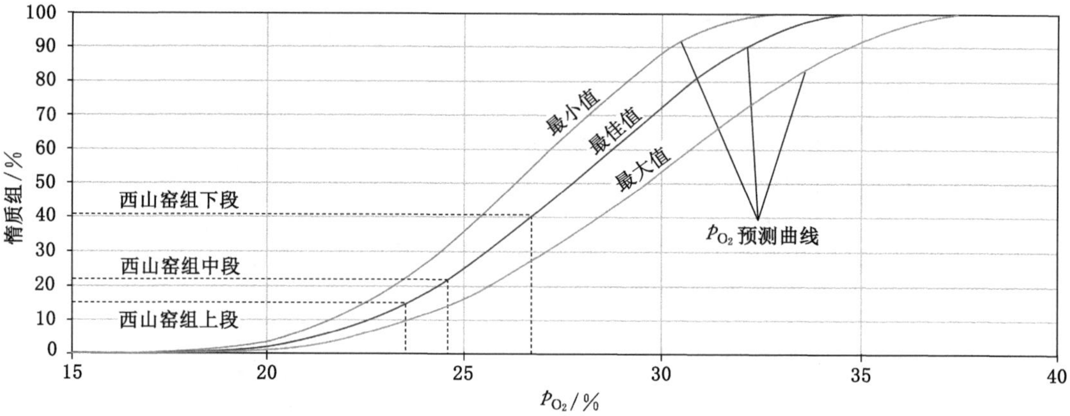

图 4-2 准噶尔盆地南缘中侏罗统西山窑期大气氧浓度预测

第二节 煤层气成藏富集条件

煤地质学分析对于煤层气成藏富集条件的影响主要体现在以下几个方面:一是煤层厚度及其展布;二是煤变质程度;三是煤岩煤质条件;四是煤层围岩特征及其岩性组合。

1. *煤层厚度及其分布*

一定厚度的煤层,是煤层气藏形成的物质基础,具有一定变质程度的厚度较大且分布稳定的煤层是煤层气藏形成的资源基础。煤层厚度大,不仅生气量和煤层气资源量大,而且资源丰度高,因此煤层厚度大有利于煤层气赋存。褐煤虽然吨煤含气量相对较低,但其巨大的厚度可以有效提高煤层气资源丰度，形成良好的煤层气藏，如我国二连盆地吉尔嘎朗图凹陷。

2. 煤变质程度

煤层的生气量和储气能力都受煤变质程度的控制，所以煤变质程度对煤层气藏的形成具有重要作用。另外，从低变质程度至高变质程度，经过了多次煤化跃变，这对于煤储层孔隙结构的演变具有较大影响。有学者对第一次煤化跃变附近煤储层孔隙结构演变进行了研究，认为单位纳米微孔和过渡孔体积、比表面积、总孔体积、孔隙结构分形维数均随煤级的升高先增大后减小最后再增大，最大值和最小值分别出现在 0.58%～0.59%和 0.65%～0.66%处。

3. 煤岩煤质

煤岩煤质差异很大程度上影响着煤储层物性的非均质性。不同的有机组分和无机组分具有明显差异的物理化学性质，影响着煤储层孔隙度、渗透率、吸附性、含气量和煤层气开发条件。因此，煤岩煤质评价对于煤层气勘探开发具有重要的基础作用。

4. 煤层围岩条件

煤层围岩条件及其岩相组合类型受控于泥炭地沉积环境演变，不同煤层围压条件对于煤层气的保存至关重要。一般认为，当煤层顶底板为厚层油页岩、泥岩和粉砂质泥岩时，煤层气的保存条件最好；当石灰岩为顶底板时，可分为两类，一类是位于构造平稳地区，溶洞、裂隙不发育，有一定封存能力，另一类是位于构造运动强烈的地区，溶洞、裂隙发育，对煤层气保存不利；当顶底板为砂岩时，因砂岩相对来说孔隙大、透气性强，不利于煤层气的后期保存。

第三节　煤共(伴)生矿产及高效清洁利用

煤系矿产资源类型多样、赋存形式复杂、形成机制关联、资源相对丰富，已经成为地质资源的重要组成部分，分别形成了煤系气、煤系金属矿产、煤系非金属矿产等矿藏类型，是矿产勘探的新领域和重要方向。中国能源禀赋决定了煤炭在能源结构中的重要地位在短时间内很难改变，清洁、高效、多元化利用煤炭资源，推动煤炭和煤系低碳能源开发转化和新型产业发展，拓展煤地质学应用领域，是煤炭行业服务国家重大战略的必然之路。

一、煤系气

煤系气是由整个煤系中的烃源岩母质在生物化学及物理化学和煤化作用过程中演化生成的仍保存在煤系中的天然气，包括煤层气、页岩气、致密砂岩气，在青藏高原冻土地区还包括天然气水合物。煤系具有有机质含量高、旋回性强、Ⅲ型干酪根为主、储集层陆源物质丰富、经历多期构造运动等特征。煤系页岩气、致密砂岩气和煤层气具有同源性、伴生性等特征，具连续性气藏和根缘气藏特征。煤系剖面上总体表现为煤层气、页岩气、致密砂岩气多层叠置的储层群，不同沉积体系的煤系，其储层组合不同。海陆交互相煤系以清水碳酸盐和浊水细碎屑岩为主，华北太原组表现为页岩气与煤层气储层的多层叠置，华南的龙潭组夹有致密砂岩储层，局部还存在煤系灰岩气；海陆过渡相煤系以中碎屑岩为主，华北山西组表现为煤层气与致密气储层的多层叠置，夹有页岩气储层；陆相煤系粗碎屑岩占有较高比例，西北侏罗系以冲积扇体系、湖泊体系、河流体系（辫状河和曲流河）为主，表现为煤层气与致密气储层或常规油气储层的多层叠置，夹有页岩气储层，华北的石盒子群多为致密砂岩气储层（徐淮地区存在煤层气和页岩气储层）。煤系中煤层、煤线、碳质泥岩、泥岩、粉砂质泥岩、页岩、泥质粉砂岩、粉砂岩甚至夹细砂岩，即煤-泥-砂结构系统内呈现煤层气和页岩气的混合储层。

1．煤层气

煤层气作为一种自生自储的非常规天然气，近 90％的煤层气以吸附态赋存于煤储层微纳米孔隙中。煤层气的富集受制于煤层与上覆、下伏岩层构成的成藏系统及该系统所经历的地质作用。

2．煤系页岩气

煤系页岩气是指富有机质的煤系泥页岩经过生烃、排烃作用后残留在泥页岩层段（包含砂岩薄层）内的天然气，属于煤系非常规气的一种。煤系是泥质烃源岩的一种特殊类型，与其他类型源岩相比，煤系有以下四种特征：① 煤系的沉积环境多为海陆沼泽或湖泊沼泽相，以弱还原-弱氧化环境为主；② 有机质主要为相对贫氢的Ⅲ型干酪根；③ 中国主要煤层的平均有机碳为 62％～70％，煤系中暗色泥质岩平均有机碳为 2％～3％，丰富的有机质在一定程度弥补了生烃潜力相对较低的不足；④ 有机质进入成熟阶段以后，虽然所产的液态烃量总体较少，但是气态烃总量高。

煤系泥页岩多与砂岩互层作为煤层顶底板而广泛出现，厚度较低，这是对煤系页岩气聚集的不利之处。但这并不意味着煤系泥页岩不具备页岩气成藏聚集条件。例如，研究鄂尔多斯盆地西缘羊虎沟组煤系泥页岩发育情况，发现泥地比多数大于 50％，单层最大厚度 22.7 m，而且煤系泥页岩往往具有很高的有机质丰度，这在一定程度上弥补了厚度较小的缺陷。另外，煤系泥页岩中多有薄层粉砂岩夹层，这将大大提高煤系页岩气的储集性能，为微异地运移的页岩气聚集提供储集空间。

3．煤系致密砂岩气

致密砂岩气是指储集于低渗透和特低渗透致密砂岩储层中的天然气资源，通过大规模压裂或特殊采气工艺技术才能实现经济开发。致密砂岩可广泛形成于海相、陆相和海陆过渡相沉积环境中，与煤层、页岩或碳酸盐岩等交替分布，气源岩与致密砂岩体往往直接相邻接触，满足致密砂岩气成藏的必要条件。致密气最早在 1926 年发现于美国圣胡安盆地，在中央向斜部位发现了 Blanco 特大型气田，当时称之为隐蔽气藏，半个世纪后于 1970 年在美国丹佛盆地发现了 Wattenberg 气田，并开始重视致密砂岩气藏的勘探和开发，制定了一系列经济、技术上的优惠和扶持政策。截至目前，全球在美国、加拿大、澳大利亚、墨西哥、委内瑞拉、阿根廷、印度尼西亚、中国、俄罗斯、埃及、沙特等十几个国家进行了致密气勘探开发。

4．煤系天然气水合物

在高纬度地区，陆域天然气水合物早有勘探与开发的实例，而对低纬度地区天然气水合物的研究是中国地质工作的重要发现。2008年，在青海祁连山地区钻获天然气水合物实物样品以来，我国对陆域天然气水合物的研究取得了许多成果，一些学者对青海木里的天然气水合物研究认为，冻土带的存在为天然气水合物的形成提供了温度和压力条件，而木里地区丰富的煤炭资源在煤化进程中提供了气源基础（以Ⅲ型干酪根及重烃为标志），故称之为煤型气源天然气水合物。煤系天然气水合物赋存类型为裂隙带块冰型、孔隙粉冰型、微裂隙侵染线型。木里地区天然气水合物潜在资源量约 3 000×10^8 m^3。

5. 煤系气共生成藏机制

煤系具有多旋回性，煤层、泥岩、页岩和砂岩等在地层中叠置分布，具备良好的生、储、盖组合要素，形成多层叠置含气系统。煤系煤层气、页岩气和致密气均分别实现了勘探开发突破，煤层和煤系烃源岩普遍以$Ⅱ_2$型和Ⅲ型干酪根为主，生气能力强，在煤系中煤层、页岩和砂岩储层叠置共生，共同组成煤系综合含气系统。煤系气资源丰富，急需开展煤系天然气共生聚集系统与有序开发地质原理研究，包括深部煤层气赋存状态与储层预测、煤系气聚集过程与成藏效应、薄互层煤系气成藏特点与层段优选等技术攻关方向。

6. 煤系气勘探开发

煤系气的高效勘探开发不仅有利于我国天然气增储上产，也有利于煤炭低碳化的开发利用。目前煤系气资源探明率及动用率极低，反差极大，距离大产业规模仍有一定差距。煤系气既有别于常规气藏，与页岩气、煤层气、致密砂岩气等典型非常规气藏相比，又有其地质特殊性。煤系气地质条件特殊性表现在三个方面：① 煤系气赋存态和储层岩石类型多样；② 沉积旋回性极强，致使储层内流体分布状态错综复杂；③ 砂岩储集体在广覆式泥质岩中镶嵌展布。

煤系气勘探开发的效果更多受控于不同储层之间合采兼容性及其地质控因，多相态天然气共存、多类型储存共生等煤系气开发地质条件的复杂性也造成了煤系气开采模式的局限性。鉴于此，煤系气的勘探开发应将不同储层看作统一含气系统。多产层合采与储层改造增产是目前煤系气开发中相对成功的经验（图 4-3）。然而，煤系气合采产层之间的差异有可能造成“$1+n<1$”的煤系气开发结果。煤系气共生富集成藏理论、共探共采技术、合采兼容性评价指标体系、立体排采控制方法等是今后煤系“三气”（煤层气、页岩气、致密砂岩气）共生区块协同开发的重点研究领域，以煤系岩石力学地层学方法体系为核心的煤系气高效勘探开发理论与技术有望成为煤系气取得突破的关键研究方向。

二、煤系金属矿产

煤系金属矿产一般可分为三个层次的量化定义：① 对于含量低、呈分散状赋存在煤中且未达到综合评价参考指标的金属元素，称之为煤中金属元素；② 在特定的地质作用下，对于赋存在煤中的达到综合评价参考指标，并在当前技术经济条件下可以从煤层、夹矸或煤层的围岩中开采利用的金属元素，称之为煤中金属元素矿产资源（即伴生矿产）；③ 在特定的地质作用下，对于赋存在煤中达到边界品位或工业品位，并在当前技术经济条件下可以从煤层、夹矸或煤层的围岩中开采利用的金属元素，称之为煤基（型）金属矿床（即共生矿产）。

由于受常规以煤为主的煤炭地质勘查因素的制约，因而忽视了对煤中新兴战略性矿产

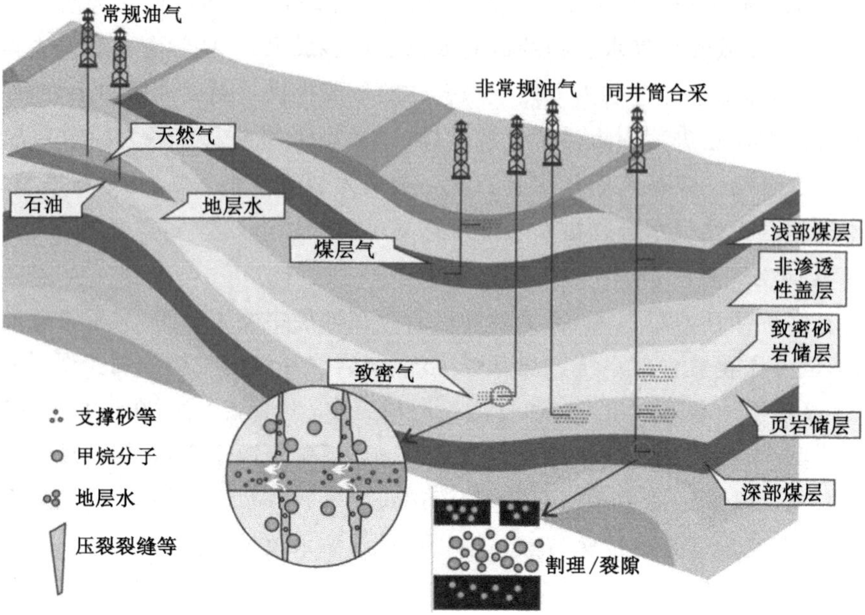

图 4-3　煤系非常规天然气赋存

（李勇等，2020）

资源的勘查评价与合理开发，造成了巨大的资源浪费。如何提高煤中金属矿产资源的综合勘查与开发利用，实现资源节约、集约和循环利用是目前煤炭地质工作急需解决的关键问题。通过近年来的工程实践与研究发现，常见的易形成煤中金属元素矿产资源或煤基（型）金属矿床的元素有铝、镓、锗、锂、稀土元素等。

三、煤系非金属矿产

煤系非金属矿产主要有硫铁矿、高岭土、膨润土、耐火黏土、硅藻土与石墨，一般在煤层的顶底板、夹矸中赋存，种类多样，应用与开发前景广泛。

第四节　煤地质与碳中和

一、碳中和内涵

全球气候变化是人类社会需要共同面对的严峻挑战，人类生产生活产生的温室气体排放被认为是全球气候变暖的主要原因而受到普遍关注，能源行业特别是化石燃料消费成为人类社会关注的焦点。所以，实现 CO_2 净零排放和“碳中和”目标已成为应对全球气候变化、减缓全球变暖的重要国际社会共识和行动。“碳中和”的基本内涵是人们生产生活所产生的温室气体排放，可以经过减排措施降低碳排放量，最终通过碳补偿机制，以达到温室气体净零排放目的，即实现净碳足迹为零。

2020 年 9 月 22 日，习近平总书记在第七十五届联合国大会上发表讲话，提出了我国碳减排的具体目标为“二氧化碳排放力争于2030年前达到峰值，努力争取2060年前实现碳中和”。展示了我国为应对全球气候变化做出更大贡献的积极立场，顺应了全球疫情后实现绿色复苏和低碳转型的潮流，对全球气候治理和中国未来社会经济发展具有重大影响。煤炭及其相关行业碳减排对实现“碳中和”国家目标具有决定性作用。做好煤基碳减排和煤炭高效洁净低碳化利用，对煤炭勘查、开发和利用相关学科科技创新提出了新要求，其中煤地质学具有不可替代的作用。

二、煤地质的碳减排技术路径

目前，煤炭是我国一次能源消费的主体，承受很大的碳减排压力。只有在源头上减少以煤为主的化石能源高碳排放，然后通过有效的碳补偿，包括森林、海洋等碳汇，碳捕获、利用与封存，矿物固碳等碳去除技术，碳交易，清洁发展机制等碳足迹管理，才能实现低碳社会和可持续发展。煤地质学几乎可以全领域、全流程参与碳减排(图4-4)。

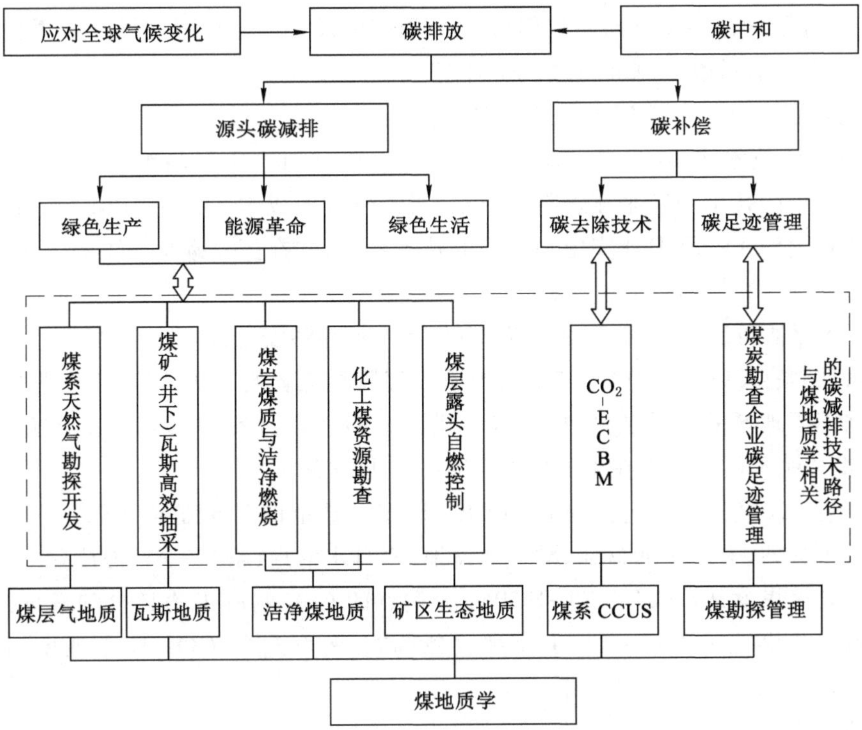

图4-4　与煤地质学相关的碳减排主要技术路径
(桑树勋等，2021)

三、煤层 CO_2 封存与碳减排

国际能源署(IEA)评估表明，为实现将全球气温上升控制在2℃以内的共同目标，预计到2050年，碳去除技术需至少贡献14%的减排量。CCUS技术正是当前碳去除的主要技术之一。已有研究表明，适合 CO_2 地质存储的地质体主要包括枯竭油气圈闭、深部不可采煤层、深部咸水层等。其中，深部不可采煤层是指受技术、经济和生态约束不能开采的深部

赋存煤层。

1. 深部不可采煤层 CO_2-ECBM

根据国际能源机构温室气体研究与开发计划的估计，全球煤层甲烷的技术回收潜力为79万亿 m^3，其中，50万亿 m^3 将来自作为二次生产技术 CO_2-ECBM（CO_2 Geological Storage-Enhanced Coalbed Methane Recovery，CO_2 地质存储与 CH_4 强化开采）应用的煤层甲烷回收，这将有助于在不可开采煤层中直接封存近4 880亿t的二氧化碳。国内外已开展了多项 CO_2-ECBM 先导性试验和工程示范。

燃煤电厂或煤化工 CCUS 碳减排在中国意义重大且需求迫切，成为推动加快 CO_2-ECBM 商业化的重要动力。但要实现商业化，仍需在以下方面进一步强化研究工作：

（1）不断破解提升 CO_2-ECBM 有效性的关键科学技术问题

有效性是 CO_2-ECBM 技术经济性、长期性和安全性的基础和前提，注入 CO_2 与煤层中 CH_4 的竞争吸附置换与驱替作用关系机理，深部煤层超临界 CO_2 可注性、封存机制与封存容量，CO_2 驱煤层气储层动态与渗流模型，以及压-注-采工艺与煤层气增产效果提升技术等诸多 CO_2-ECBM 有效性问题尚待进一步破解。

（2）探索提高 CO_2-ECBM 经济性的技术路径

CO_2-ECBM 技术涉及的 CO_2 捕集、运输、注入封存和地质利用等多个环节，必须不断通过上述环节中的技术创新来显著降低成本，研究形成低成本 CO_2-ECBM 的一揽子技术解决方案，提出适合 CO_2-ECBM 实施和推广的技术标准，并在国家碳市场不断完善的背景下，不断提高 CO_2-ECBM 技术的经济性。

（3）深化评估与监测研究，确保深部煤层 CO_2 封存的安全性

深部煤层封存 CO_2 泄漏风险和诱发地质灾害风险是影响 CO_2-ECBM 商业化的主要障碍。应根据不同地区的地质条件进行 CO_2 泄漏危险性以及有效封堵技术研究，同时探讨 CO_2-ECBM 对地质环境的潜在负面影响与有效控制方案。

（4）煤电厂或煤化工 CO_2 排放源与 CO_2-ECBM 选址的匹配方案研究

开展沁水盆地、鄂尔多斯盆地、渤海湾盆地、六盘水盆地（群）、三江-穆棱盆地（群）、准噶尔盆地等主要聚煤盆地以煤层 CO_2-ECBM 为重点的 CO_2 封存能力评价和选址勘查研究，结合燃煤电厂或煤化工重点 CO_2 工业排放源调查，科学进行 CO_2 源-汇匹配，提出 CO_2-ECBM 工程建设的合理规划和部署。

2. 采空区封存

煤矿采空区 CO_2 封存是煤层 CO_2 地质封存的可能形式，煤炭高强度开采留下的大面积采空区被认为具有很大的碳减排潜力。部分学者对 CO_2 封存及防止井下采空区遗煤自燃的可行性进行了初步研究，进一步丰富了 CO_2 封存理论及防止井下采空区煤自燃技术。目前对煤矿采空区 CO_2 封存研究尚停留在理论探讨阶段，在以下方面有待进一步深化研究。

（1）煤矿采空区的封闭性的科学评估

应建立科学的采空区封闭性评价方法体系，采用实验模拟、数值模拟与采动裂隙监测相结合的手段，针对典型的矿井地质条件，深入开展采场应力下覆岩变形规律和裂隙场发育规律研究，评估认识不同地质和采掘工程条件控制下的采空区封闭性及其变化。

(2) 采空区注入 CO_2 的渗流规律和 CO_2 有效封存方式

采用煤矿采空区 CO_2 注入的模拟实验，分析采空区空隙结构和注入压力、空隙分布和地下水等对 CO_2 在空隙中吸附和渗流的影响，建立 CO_2 在空隙中两相流动的数值模型，正确认识 CO_2 在地下的渗流吸附状态，为矿井采空区封存 CO_2 提供实验室研究依据，并积极探讨充填开发条件下采空区充填矿物固定 CO_2 等封存新机制。

(3) 煤矿采空区 CO_2 封存的安全性和经济性评价

应进一步研究探索完善采空区上覆岩层 CO_2 逸散通道的封堵技术和封存期 CO_2 逸散监测技术，分析采空区 CO_2 封存压力、上覆岩层厚度、岩性、裂隙特征、CO_2 化学腐蚀以及地质构造等因素和 CO_2 逸散行为之间的关系，评估 CO_2 注入煤层可能产生的诱发裂缝等安全性问题的解决途径。

本章思考题

1. 古环境和古气候重建方法有哪些？
2. 煤地质学分析对于煤层气成藏富集条件的影响体现在哪些方面？
3. 煤系共(伴)生矿产种类有哪些？
4. 煤地质的碳减排技术路径有哪些？
5. 适合 CO_2 地质存储的地质体有哪些？

第五章　油气成因与烃源岩

油气成因是石油地质学的主要研究内容之一，石油与天然气的来源是油气藏形成的物质基础。石油与天然气的组成成分较为复杂，加之油气是流体，生成之后能够发生运移，油气藏现今位置往往不是油气生成的地方，也就给油气的成因问题研究带来了很多挑战性。烃源岩评价对油气勘探具有重要实践意义。

第一节　油气性质与成因

一、石油的成分和性质

石油又称原油，是以液态形式存在于地下岩石孔隙中，由各种碳氢化合物和少量杂质组成的可燃有机矿产。石油的成分和相态非常复杂，石油的成分主要是以烃类为主的混合物，含有部分非烃类化合物以及其他微量元素；原油的相态以液态为主，其中有少量的烃类和非烃类气体，且含有部分烃类和非烃类的固态物质。

1. 石油的化学组成

(1) 石油的元素组成

虽然石油的物理性质千差万别，但它们的主要元素组成是碳(C)和氢(H)两种元素，所占的比例一般为95%～99%，其次是硫、氮、氧及微量元素，总含量只有1%～4%。石油中微量元素多数含量很低，但一般对石油加工过程中的催化剂有着重大影响，对研究石油成因以及石油运移汇聚也有着重要的意义。

(2) 石油的化合物组成

石油的化合物组成包括烃类和非烃类两类。

石油中烃类主要有三种，分别是烷烃、环烷烃和芳香烃三种，其中烷烃与环烷烃为饱和烃，芳香烃为不饱和烃。这是根据石油中碳和氢两种主要元素以及各种碳氢化合物本身结构来划分的。

烷烃是原油中重要的组成部分，又称脂肪烃，可以分为正构烷烃和异构烷烃。烷烃属于饱和烃，通式为C_nH_{2n+2}。石油中正构烷烃的分布特征和异构烷烃中的异戊间二烯型烷烃对石油成因的研究有重要的意义。在常温常压下含17个碳原子(C_{17})以上的高分子烷烃都呈现固态；含5～16个碳原子(C_5～C_{16})的直链烷烃呈现液态形式存在；含1～4个碳原子(C_1～C_4)的烷烃呈现气态形式存在。而随着相对分子质量的增加，烷烃的密度、熔点以及沸点均随之上升，且所有的烷烃几乎都不溶于水，密度小于1。

环烷烃按照分子中所含碳环数目可以分为单环(C_nH_{2n})、双环(C_nH_{2n-2})、三环(C_nH_{2n-4})

和多环，是一类与烷烃性质相似但分子结构中含有碳环结构的饱和烃。环烷烃和烷烃一样都是比较稳定的。石油中的某些环烷烃可以用来估计石油生成时期地下的温度。

芳香烃是指含有苯环的化合物，其特征是分子中含有苯环结构，属于不饱和烃。石油在低沸点的馏分当中，芳香烃含量较少，芳香烃的含量随着沸点的升高而增多。单环芳香烃有毒，具有特殊的气味，不溶于水，但溶于乙醇、汽油和乙醚等有机溶剂，相对密度比水轻，一般介于 0.86～0.9 之间。

另外，石油中也含有不少的非烃化合物，即在分子结构中除了含氢、碳原子以外，还夹杂有氧原子、硫原子、氮原子等这类化合物。这些非烃化合物在石油质量鉴定以及加工炼制等方面有着重要的作用。

(3) 石油的馏分组成

石油加热蒸发分馏分离成不同沸点范围的化合物，某个温度范围内蒸馏出的馏分的质量或体积百分含量，称为石油的馏分组成。不同馏分的化合物不同。低沸点的轻馏分主要是由低碳数、分子量较小的烷烃和环烷烃组成；中馏分以中分子量和较高碳数的烷烃和环烷烃为主，并含有一定数量的芳香烃和环烷芳香烃以及少量的含硫、氮、氧化合物；而重馏分则以高碳数和高分子量的环烷烃、芳香烃、环烷芳香烃和含硫、氮、氧化合物组成(图 5-1)。这是从石油化学工业角度进行的分类。

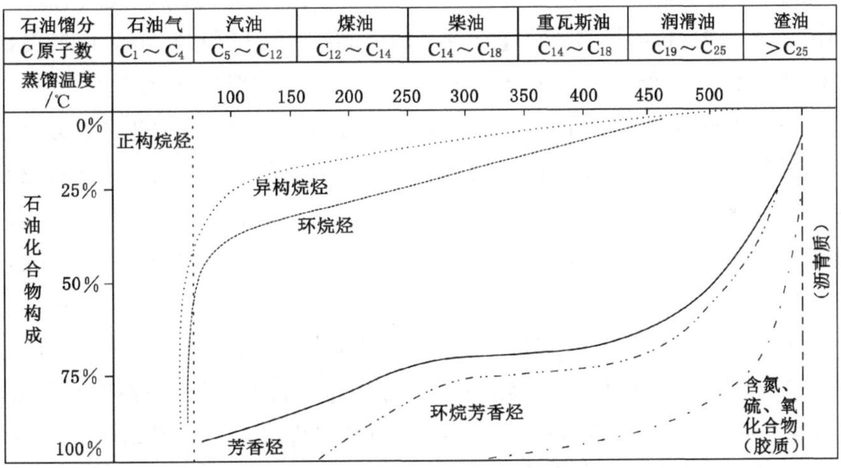

图 5-1　典型中性石油的馏分和化合物的关系图

(蒋有录等，2006)

(4) 石油的族组成

石油中不同的化合物对吸附剂和有机溶剂具有选择性吸附和溶解的性能，主要取决于不同化合物中分子结构的差异。因此，可以根据这一特性，利用不同的有机溶剂和吸附剂，将石油组分分为饱和烃、芳香烃、非烃和沥青质等四种族分，称为石油的族组成(图 5-2)。这一分类是从石油组成与生油气岩石及其演化作用的关系，研究石油地质成因角度进行的分类。

2. 石油的物理性质

石油的物理性质，包括石油的颜色、相对密度、黏度、荧光性、旋光性和溶解性等，主要取

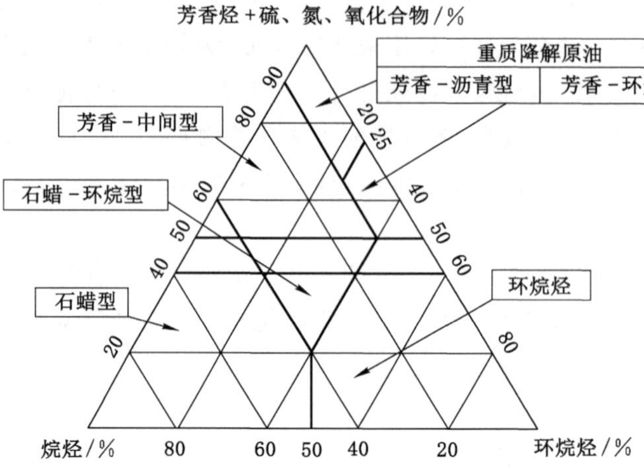

图 5-2　石油类型的三角图解

（Tissot 等，1987）

决于它的化学成分。应该指出，在地下的不同地区、不同层位，甚至在同一层位不同构造部位，石油的物理性质都有可能有明显的差别。

石油颜色的变化范围较大，从白色、淡黄色、黄褐色、深褐色、黑绿色至黑色都有存在。相对密度是指在一个大气压下，20 ℃单位体积原油与 4 ℃单位体积纯水的质量比，用 d_4^{20} 表示。石油的相对密度一般介于 0.75～1.00 之间，通常将相对密度大于 0.90 的石油称为重质石油，小于 0.90 的称为轻质石油。黏度代表石油流动时分子之间的相对运动引起的内摩擦力的大小。黏度直接影响石油在地下的流动，也影响着石油流入井筒中以及在输油管道中的流动速度。石油的相对密度和黏度主要与胶质-沥青质的含量关系密切，含量越高，颜色越深，密度和黏度越大。同时也受溶解气和温度、压力的影响，溶解气量增大，温度升高，则密度和黏度降低。

石油在紫外光照射下产生荧光的特性即石油的荧光性，发光现象主要受石油的化学结构控制。在石油勘探过程中，荧光性可用于鉴定岩石样品中是否含有石油，并根据其发出荧光的特点来确定其组分和大概的含量；石油的旋光性是指石油具有将偏振光的振动面旋转一定角度的能力，当偏振光通过石油时，偏光面会旋转一定的角度，这个角度叫旋光角。引起石油旋光性的主要原因，在于石油中结构不对称的碳原子的存在，旋光性是石油有机成因的有力证据。

石油主要是各种碳氢化合物组成的混合物，由于烃类难溶于水，所以石油在水中的溶解度很小。尽管石油难溶于水，但却易溶于很多有机溶剂，如氯仿、四氯化碳、石油醚、醇、苯等，可根据石油的溶解性这一特性，鉴定岩石中的石油含量以及性质。

二、天然气的成分和性质

广义上天然气是指在自然界中存在的一切气体。油气地质学中所描述的天然气是指与油田、煤田和气田有关的烃类气体，也包含着少量的其他非烃类气体。

1. 天然气的化学组成

天然气的元素组成和石油相似，以碳、氢为主，其次有少量的硫、氮、氧以及其他微量元素，主要成分是烃类，以甲烷为主，含有一定数量的重烃气(C^{2+})。在某些石油的伴生气(气顶气、油溶气)中，重烃气的含量比甲烷高。在大多数的气藏中非烃气为次要的组成部分，在个别特殊的气藏中，非烃气也可以成为主要部分，形成 N_2 气藏、CO_2 气藏、H_2S 气藏等。

天然气中还发现许多微量的惰性稀有气体，如氩、氖、氪、氦、氙等，往往和其他气体一起共存于气藏中，不能形成单独的气藏，少部分溶于石油和地下水中。而一些特殊的含有微量稀有气体的泉水具有一定的医疗价值。若要使稀有气体具有可开采的工业经济价值，其浓度必须要大、数量要多，才可当作气藏来开采。

2. 天然气的物理性质

(1) 相对密度

天然气的相对密度是指相同温度、压力条件下，单位体积内的天然气与相同体积内的空气之间的质量比值。天然气混合物的密度一般为 0.7～0.75 kg/m^3，而石油伴生气特别是油溶气最高可达 1.5 kg/m^3，甚至更大。天然气相对密度与分子质量成正比，含重烃气较多的湿气的相对密度大于甲烷含量高的干气的相对密度。天然气在地层下的密度会随着压力的增加而加大，随着温度的增加而减小。

(2) 黏度

天然气的黏度是度量天然气流动能力的一种参数，反映了其分子间产生内摩擦力的大小。天然气的黏度对天然气管道运输具有意义。天然气的黏度很小，与分子量、压力和温度有关。

(3) 溶解性

天然气溶于石油和水，并且在相同条件下天然气在水中的溶解度远远小于在石油中的溶解度(如甲烷在石油中的溶解度是在水中的 10 倍左右)。当压力增大或温度降低时，溶解度增大。天然气能溶于水，这与石油性质有重要的区别。在异常高压下的地下水中，含气量较高，可以达到每吨水中有几到十几立方米的天然气，形成丰富的水溶气资源，天然气溶于水对天然气藏的形成也有着重要的影响，特别是运移过程受地下水文地质条件影响。

(4) 扩散性

扩散作用是指在具有浓度梯度的条件下，天然气从高浓度区域自发地运移到低浓度区域，以此达到浓度平衡的过程。天然气的分子体积较小，在地下有较强的扩散性。在地下，只要存在浓度的差异，就会发生扩散作用。天然气的扩散性与石油有很大区别。

三、油气的有机成因说

18 世纪 70 年代以来，油气成因有无机生成和有机生成这两大学派。前者认为石油及天然气是在地下深处高温、高压条件下由无机物合成的，包括有碳化物说、宇宙说、岩浆说和高温生成说。有机成因说主张油气是在地质历史上由分散在沉积岩中的动物、植物等有机物质生成的。

随着油气勘探的实践深入，人们越来越认同石油的有机成因说，发现了很多有机成因的证据。例如世界上已经发现的油气田，99.9%都在沉积岩当中，由多种碳氢化合物组成的复杂的混合物，且大多数石油化学组成相似，这证明它们的成因大致相同；在现代光谱仪的分析解释下，也证明了石油和煤的成因是相似的，而煤是公认的有机质成因，所以石油可能也是有机成因形成。石油中所含的卟啉化合物，以及包含的环己烷、环戊烷，加上石油的旋光性等一些证据，都证明了石油是在低温条件下形成的，并不是高温高压下生成的。近代沉积物的研究表明，在沉积物中确实存在着油气生成的过程，且目前还在进行着，数量规模都比较大，如我国的青海湖、洞庭湖等。

20 世纪 70 年代初，以法国著名的蒂索等为代表的地球化学家提出干酪根热降解生烃学说，揭示了有机质的形成、演化以及生烃规律，这些研究进展完善了油气的有机生成学说。

目前世界大多数学者认为石油主要是有机成因的，天然气大部分是有机成因，但不排除一小部分天然气是无机成因。目前的油气勘探实践也是按照油气有机成因说进行的，本教材相关内容就是围绕油气有机成因说来进行的，包括烃源岩的评价问题。

第二节　有机质演化与油气生成

一、生成油气的原始物质

油气的有机成因理论认为石油和天然气来源于有机物质，生成油气的原始物质是沉积岩中那些不溶于有机溶剂的分散有机质——干酪根，而干酪根主要是原始有机质在成岩作用过程中经过生物化学作用以及缩聚作用形成的。高等植物、浮游动物、浮游植物以及细菌是沉积岩中有机质的主要来源。在各种各样的沉积环境中，不同的生物体的组合控制着沉积岩中有机质的组成和类型。从油气地质学的角度来研究有机质，可以将有机质分为两个大类，即被有机溶剂溶解的沥青以及不能被有机溶剂溶解的干酪根，其中干酪根最为重要。

1. 干酪根元素组成

干酪根是沉积岩中有机质的主体(图 5-3)，是一种复杂的有机混合物，一般占总有机质的 80％～90％。不同来源和不同经历的干酪根的成分千差万别。干酪根主要由 C、H、O 以及少量的 S 和 N 组成，C、H、O 元素的平均含量分别占 76.4％、6.3％、11.1％。

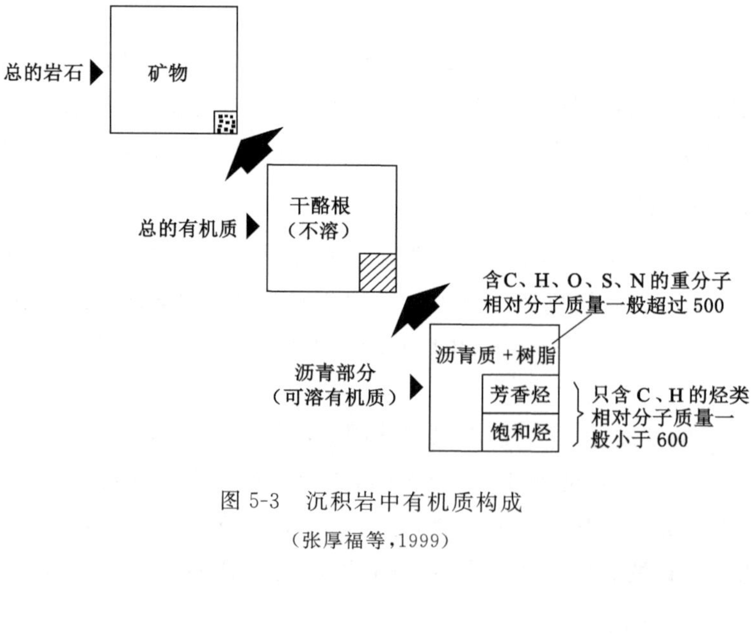

图 5-3　沉积岩中有机质构成

（张厚福等，1999）

2. 干酪根显微组分

显微组分是在显微镜下才能观察识别到的有机组分，这属于煤岩学术语。利用反射光下（显微光度计）观察干酪根的显微结构，可以识别出四种形态的显微组分：腐泥组、镜质组、惰质组和壳质组，其中腐泥组主要来源于藻类和其他水生生物及细菌，相对富氢，具体包括无定形体和藻质体。镜质组、惰质组和壳质组的特征及分类与显微煤岩组分类似，具体见本教材第三章。

沉积物中没有哪一类干酪根是完全由一种单一的组分构成的，都是以某种组分为主。腐泥组主要是以菌藻类为主的生源，形成富含氢的无定形生油潜力最大，壳质组生油潜力一般，镜质组和贫氢无定形的生油潜力较差，而惰质组基本没有生油潜力。

3. 干酪根类型

不同来源的有机质以及不同的沉积环境，形成的干酪根在结构上和成分上有很大的区别。而不同的干酪根其生烃潜力是不同的，直接影响着生油、生气能力。根据三种主要元素C、H、O 的组成，干酪根可以划分为Ⅰ型、Ⅱ型和Ⅲ型（图 5-4）。

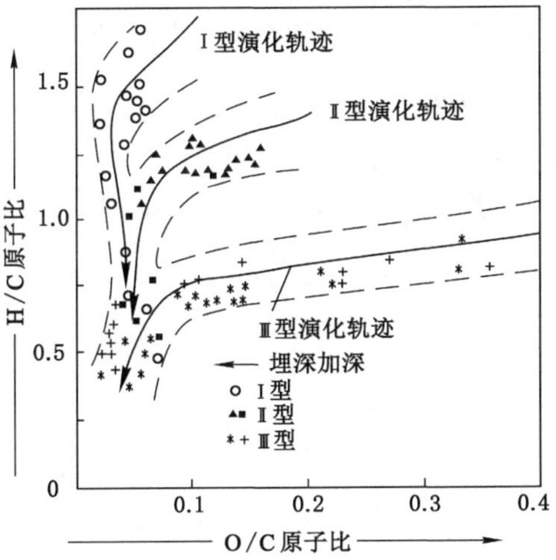

图 5-4　不同类型干酪根 H/C-O/C 元素特征

Ⅰ型：○代表美国尤因塔盆地绿河页岩；Ⅱ型：▲代表法国巴黎盆地下托尔阶页岩，■代表德国里阿斯统波西多尼亚页岩；Ⅲ型：* 代表喀麦杜阿拉盆地洛格巴巴页岩，＋代表腐植煤。

Ⅰ型干酪根：氢含量较高，氧含量偏低，O/C 原子比在 0.026～0.12 之间，H/C 原子比在 1.25～1.75 之间。主要来源于菌藻类，也可以是各种有机质被细菌强烈改造留下原始物质的类脂化合物馏分和细菌的类脂化合物。其生油、生气潜力较大。

Ⅱ型干酪根：氢含量高，但含量低于Ⅰ型干酪根，O/C 原子比在 0.04～0.13 之间，H/C 原子比在 0.65～1.25 之间。主要来源于海相的微生物和浮游生物（主要为浮游植物）的混合，生油、生气潜力中等。

Ⅲ型干酪根：氢含量较低，氧含量较高，O/C 原子比在 0.05～0.30 之间，H/C 原子比在 0.46～0.93 之间。主要来源于陆生的高等植物，其中可以鉴别出许多植物碎屑。与Ⅰ型干酪根和Ⅱ型干酪根相比较，其生油能力差，但在埋藏深度足够深时，加上一定的环境条件，可以生成天然气。

在自然界干酪根来源和演化是很复杂的，干酪根的类型是逐渐过渡和连续变化的。为了应用上的方便，在我国对干酪根的类型划分还有四分法和五分法。

二、有机质生烃的影响因素

岩石中有机质生烃过程是一种化学反应，受温度、时间、细菌作用、黏土催化剂和压力等多因素影响，其中温度控制着反应的过程和速度，是油气生成的主要控制因素。

1. 温度和时间的作用

油气生成与沉积盆地的古地温有着密不可分的关系。若使干酪根热解生成油气，需要达到一个温度，这个最低温度称为生烃门限温度，满足化学反应发生时所需要的能量（图 5-5）。有机质在热演化进程中，其热演化程度的高低只与经历的最高受热温度有关，后续的埋藏史中，在低温下进一步的受热对热演化程度没有影响。

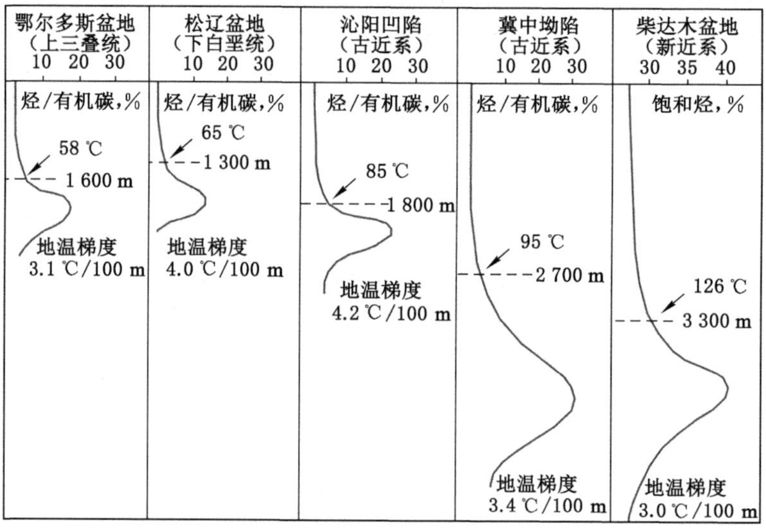

图 5-5　中国不同盆地烃源岩埋深与油气生成关系

（胡见义，1991）

温度与干酪根热降解生成油气的反应速率呈指数关系，反应速率随着温度的升高而变大。当地质条件相似或者相同时，沉积有机质随着受热温度的升高和受热时间的加长，热演化程度加强，生烃量变大。

相对于温度，时间的作用是次要的，且是有条件的。在化学反应过程中，温度不足可以用延长反应时间来弥补。但是实践证明，如果烃源岩埋藏较浅，温度太低，时间是无法弥补的，实际上难以生成具有商业价值的油气。

2. 细菌的生物化学作用

细菌是一类繁殖最快、分布最广的生物，厌氧细菌对于油气生成最有意义。在缺乏氧气的还原条件下，厌氧细菌在较低的温度下可以分解沉积有机质（一般小于 65 ℃），产生二氧化碳、甲烷、氢气以及有机酸和其他碳氢化合物。

3. 催化作用和放射性作用

催化剂可以分散有机质且破坏其原始结构，使其分子重新分布组合成结构更稳定的物质，形成烃类。有机质在转化为油气的过程中，主要的催化剂有两类，无机盐类和有机酵母类。无机盐类以黏土矿物分布最广，有机酵母类催化剂可以让有机质的分解加速。在黏土岩中富集大量放射性物质，沉积物所含水在 α 射线轰击下可产生大量游离氢，所以这些放射性物质的作用也可能是促使有机质向油气转化的原因之一。

4. 压力作用

在超压的情况下，流体（包括生成的气体）不能从沉积物中有效排出，这会使孔隙中流体压力升高，进而对有机质演化和烃类的裂解起到抑制作用。相同的温度条件下，较高的压力抑制了有机质的成熟作用。但是，也有许多实例表明，超压对有机质的演化没有明显的抑制作用。压力对有机质演化和生烃作用的影响仍需进一步研究。

在有机质向油气转化过程中，上述各种条件的作用强度不同。细菌和催化剂都是在特定阶段作用显著，加速有机质降解生油、生气；放射性作用则可不断提供游离氢的来源；只有温度与时间在油气生成全过程中都有着重要作用。

三、有机质演化与生烃模式

1. 有机质演化阶段

随着有机质埋藏的环境和所处深度的变化，有机质的演化以及油气生成的动力机理是不一样的。根据有机质演化过程、油气生成机理以及形成产物，可以将有机质的演化过程分为四个阶段，分别是生物化学生气阶段、热降解生油气阶段、热裂解生凝析气（湿气）阶段以及深部高温生气（干气）阶段等（图 5-6）。如果按照有机质的热演化程度，可以将其划分为未成熟阶段、成熟阶段、高成熟阶段和过成熟阶段。常用镜质体反射率（R_o）表示有机质的成熟度（表 5-1）。沉积成岩作用一般包括成因作用、深成作用、变质作用等阶段，也是一个热演化过程，有机质的演化阶段与沉积成岩作用阶段是相对应的。

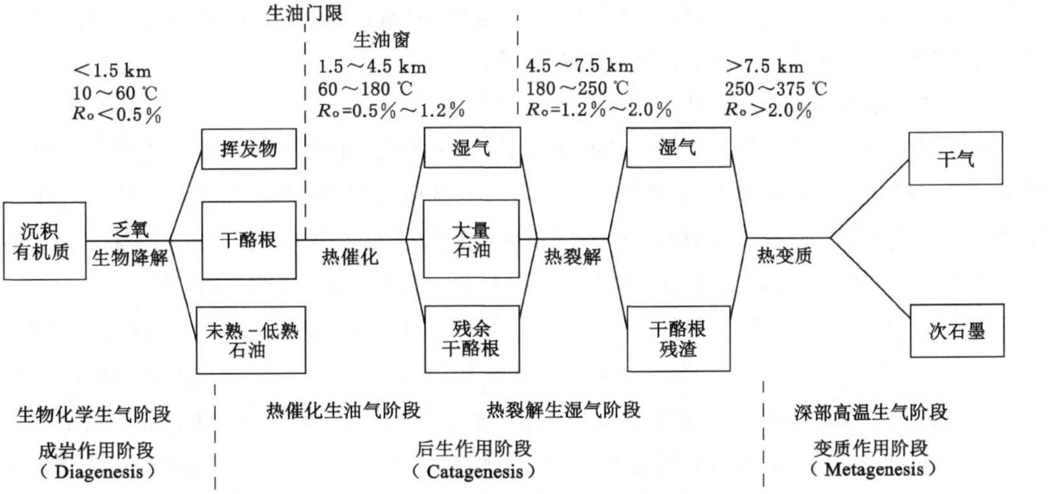

图 5-6　有机质热演化阶段及特征

（张厚福等，1999）

表 5-1 有机质热演化阶段和特征(柳广弟,2009)

演化阶段	生物化学生气阶段（未成熟阶段）	热降解生油气阶段（成熟阶段）	热裂解生湿气阶段（高成熟阶段）	深部高温生气阶段（过成熟阶段）
R_o/%	<0.5	0.5～1.2	1.2～2.0	>2.0
深度/km	<1.5	1.5～4.5	4.5～7.5	>7.5
温度/℃	<60	60～180	180～250	>250
干酪根颜色	黄色	暗褐色	深暗褐色	黑色
煤阶	泥炭-褐煤	长焰煤-气煤-肥煤	焦煤-瘦煤-贫煤	半无烟煤-无烟煤
生烃机理	生物化学作用	热催化作用	热裂解作用	热裂解作用
主要产物	甲烷、未熟油、干酪根	液态石油	湿气	干气(甲烷)

2. 有机质演化特征

(1) 生物化学生气阶段(未成熟阶段)

当原始有机质开始沉积之后,生物化学生气阶段就已经开始了,以低温低压和微生物生物化学作用为特征,深度范围从开始沉积界面往下 1 500 m 甚至更深,温度在 10～60 ℃之间,镜质体反射率小于 0.5%,有机质还处于未成熟阶段,没有转化为烃类,属于成岩作用阶段。

早期有机质在数百米范围内埋深,缺乏游离氧的还原环境,厌氧细菌活跃,生物体内的沉积有机质被细菌的生物化学作用选择性分解,转化形成相对分子质量更低的单体,一些有机质被分解形成 CO_2、CH_4、NH_3、H_2S、H_2O 等简单分子,但这种生物化学作用主要形成的烃类产物是甲烷(CH_4),称为生物成因气,简称生物气。

生物化学生气阶段主要的产物是甲烷,属于干气,含量在 95%以上,其稳定碳同位素值呈低值。生物成因气是重要的天然气资源,一般可以聚集形成大型和特大型的气田。后期随着埋深的加深,温度升高,会生成少量的液态石油,尤其是一些组成比较特殊的有机质(树脂体、木栓质体、藻类、高等植物生物类脂物、被细菌改造的陆源有机质、富硫大分子等),通过低温生物化学反应可以生成少量的未熟石油。

(2) 热降解生油气阶段(成熟阶段)

随着地层沉降,埋深逐渐加深,温度逐渐升高,在这个阶段有机质埋深超过 2 500 m,深处可达 4 000～4 500 m,温度范围在 60～180 ℃,镜质体反射率在 0.5%～1.2%之间,有机质属于成熟阶段,沉积有机质热演化为热降解生油气阶段。有机质从生油门限(成熟点)开始就进入了成熟期,开始形成液态烃以及一定量的气体,属于深成作用阶段。

这个阶段的主要产物是液态石油,镜质体反射率 R_o 介于 0.5%～0.7%之间,称为低熟油,生成的液态石油组成和性质上与生物化学生气阶段的未熟油有一定的相似性,它们合称未熟-低熟油。在镜质体反射率达到 0.8%以上时,生成的石油已经成熟。在化学结构上与原始有机质以及未熟-低熟油有明显的区别,正烷烃碳分子量以及原子数减少,奇数碳优势消失,环烷烃以及芳香烃碳原子数减少,多环以及多芳核化合物减少。

(3) 热裂解生凝析气阶段(高成熟阶段)

在沉积有机质埋深超过 3 500～4 000 m 时，此时温度高达 180～250 ℃，有机质开始发生热裂解，生成凝析气和更富含气态烃的湿气，此时干酪根镜质体反射率在 1.2%～2.0%之间，该阶段主要形成凝析油，与热降解一样，沉积方面属于深成作用阶段。

这一阶段的地层温度超过了烃类物质的临界温度，除了继续断裂杂原子官能团和侧链以外，还会生成少量的水、二氧化碳和氮，此阶段主要反应是有大量的 C—C 链断裂，包括环烷破裂、液态烃减少。相对分子质量低的正烷烃增加，C_{25} 以上相对分子质量高的正烷烃含量减少，逐渐趋于零，只有少量的低碳原子数的环烷烃和芳香烃。事实上，热裂解生凝析气阶段包含两种不同的反应机理：一种是已经形成的液态石油烃，由于 C—C 键的断裂，会形成相对分子质量较低的气态烃；一种是干酪根在较高的地温环境下，进一步裂解形成一些短链的烃类。但不管是哪种反应机理，这个阶段的主要产物都是甲烷以及其气态同系物，其中乙烷以上的重烃气（凝析气）具有较大的比例。

（4）深部高温生气阶段（过成熟干气阶段）

该阶段以高温高压为特征，在有机质埋深超过 6 000～7 000 m 时，地温超过了 250 ℃，开始进入深部高温生气阶段，有机质镜质体反射率大于 2%，热演化进入过成熟阶段。

已经形成的液态烃和重质气态烃强烈反应裂解，形成甲烷；干酪根残渣释出甲烷后继续缩聚，H/C 原子比降至 0.45～0.3，与甲烷的生成最低限相接近，因此，深部高温生气阶段沉积有机质热演化的最终产物是干气甲烷、碳沥青或石墨。

3. 有机质生烃模式

有机质生油气划分为四个阶段，反映有机质演化和油气生成的规律，称为干酪根热降解生烃模式（图 5-7）。有机质演化模式反映了油气生成的一般规律，可以运用该规律对沉积盆地中烃源岩的生烃史进行研究，预测生成烃类的相态，指导油气勘探。但有机质生烃模式是一般规律，不同盆地由于沉积埋藏历史和地温梯度的不同，达到各演化阶段的温度和深度可能有很大差异。在具体应用有机质生烃模式研究其生烃作用时，应根据盆地的构造演化史、埋藏史等地质条件进行具体分析，才能得出正确的认识。

关于生烃模式需要注意，在热降解生油气阶段，Ⅰ型（腐泥型）干酪根可以生成大量的石油以及少量天然气，Ⅲ型（腐植型）干酪根由于有限的生油潜力，以生气为主，以及少量的液态石油。目前在沉积盆地中只能观察到某一套地层中的有机质演化到现在的状态，而无法直接观察它演化的历史过程。在一个有机质都处在未成熟阶段的盆地中，找到液态石油的可能性较小，至多可以找到生物成因气或未熟石油。如果一个盆地的有机质处于成熟阶段，则这样的盆地找到液态石油的可能性很大；而在有机质处于高成熟或过成熟阶段的盆地则找到液态石油的可能性就较小，找到天然气的可能性很大。由于一个盆地中赋存于不同年代地层中的有机质经历的埋藏深度和古地温都不同，所以其烃源岩演化程度是不相同的。埋藏较深的地层中的有机质的演化程度较高，埋藏较浅的地层中的有机质演化程度较低，从而可以生成不同相态的烃类。同一盆地同一层位的烃源岩，在盆地的不同构造部位由于埋藏深度不同，经历的温度历史也不尽相同，从而也可以处于不同的演化阶段，生成不同相态的烃类。

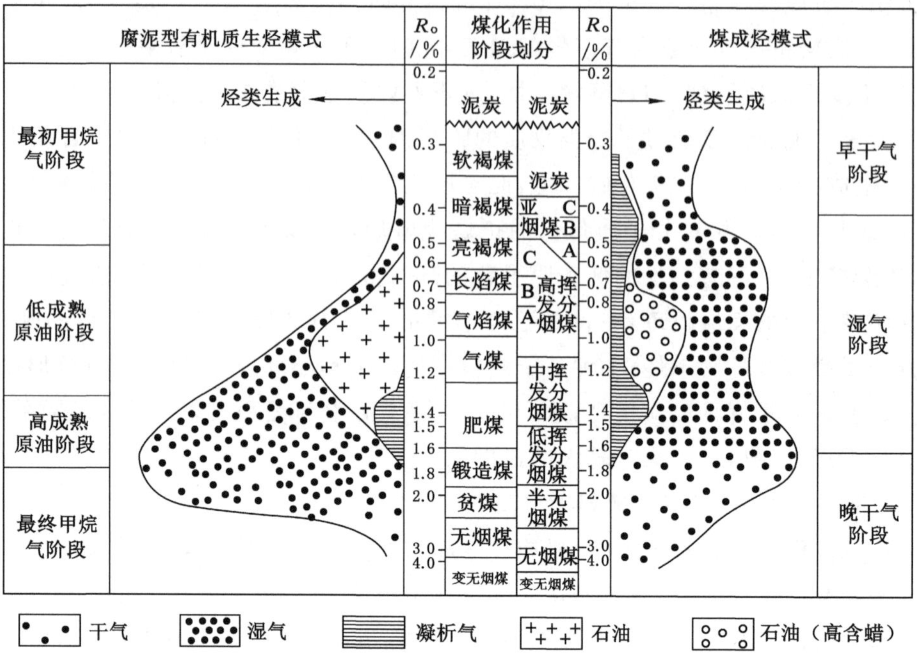

图 5-7　烃源岩热演化生烃特征

（傅家谟等，1990）

四、油气生成的地质环境

油气生成不仅需要丰富的含有机质地层，还需要不断埋藏发生热演化，有机质才能转化为烃类。满足这两个条件还需要相匹配的大地构造、古地理和古气候综合作用，才能有油气生成。

地壳上原始有机质堆积、保存和演化生烃过程必须处于适宜的地质环境。要形成富含有机质的沉积岩，需要有丰富的生物有机质来源及缺氧还原环境，另外安静适宜的静水环境以及合适的沉积速率，也是富有机质沉积的必要条件。需要古地理和古气候条件的配合，浅海环境、海湾和潟湖有利于原生生物有机质的繁殖和保存，而滨海、深海不利于有机质发育和保存。温暖潮湿的气候是生物繁殖发育最有利的气候，是生成油气的有利外界条件之一。

沉积岩中的有机质要向石油转化必须经历一个碳、氢不断增加而氧不断减少的过程，即去氧加氢富碳的过程，这与煤变质过程中元素变化有一定的对应关系。这一转化过程必须是在还原条件下进行，而还原环境的形成和持续时间的长短则受当时的地质条件所制约。大地构造条件有重要影响，一般需要在沉积盆地中才能进行有机质堆积，埋藏并转化为油气。在沉积盆地中，沉降幅度被沉积物相应补偿，在这种条件下，不仅可以长期保持适于生物大量繁殖和有机质免遭氧化的有利水体深度，保证丰富的原始有机质沉积下来，而且可以造成沉积厚度大、埋藏深度大、地温梯度大，有利于原始有机质热演化生烃。

以上条件都对有机质的繁殖、堆积以及保存有直接影响，相互之间联系密切，其中大地构造背景是根本，其次是古气候以及古地理的特征，所以在任何区域进行油气生成条件的研究时，都要先从区域大地构造背景入手。

第三节　天然气的成因与鉴别

一、天然气的成因类型和特征

天然气的生成具有生气母质类型多、成因多样、生气环境广泛的特点，是区别石油的一大特色。天然气可以是无机成因、有机成因，Ⅰ型、Ⅱ型和Ⅲ型干酪根均可以生成有机成因天然气，不同热演化阶段均可以生成天然气，在温度较低的环境下可以生成微生物成因气，热解阶段Ⅲ型干酪根生成热解气，裂解阶段Ⅰ型、Ⅱ型干酪根可以生成裂解气等，而石油主要是有机质在成熟阶段生成（表 5-2）。

表 5-2　天然气成因类型划分（张厚福等，1999）

<table>
<tr><td>无机成因气</td><td colspan="7">宇宙气、幔源气、岩浆岩气、变质岩气、无机盐类分解气</td></tr>
<tr><td rowspan="5">有机成因气</td><td rowspan="2">母质类型</td><td colspan="6">热成熟度</td></tr>
<tr><td colspan="2">未熟阶段</td><td colspan="3">成熟-高成熟阶段</td><td colspan="2">过熟阶段</td></tr>
<tr><td rowspan="2">腐泥型天然气
（油型气）</td><td rowspan="3">生物气</td><td rowspan="2">腐泥型生物气
（油型生物气）</td><td rowspan="3">热解气</td><td rowspan="2">油型
热解气</td><td>原油伴生气</td><td rowspan="3">裂解气</td><td rowspan="2">腐泥型裂解气
（油型裂解气）</td></tr>
<tr><td>凝析油伴生气</td></tr>
<tr><td>腐植型天然气
（煤型气）</td><td>腐植型天然气
（煤型生物气）</td><td>煤型
热解气</td><td>凝析油气
成熟气</td><td>腐植型裂解气
（煤型裂解气）</td></tr>
</table>

1. 生物成因气

在低温（<75 ℃）还原环境下，厌氧细菌对沉积有机质的生物化学作用所形成的富含甲烷的气体称为生物化学气，也称之为沼气、生物气等。一般在成岩作用或有机质热演化早期阶段，即 R_o<0.4%～0.5%阶段生成。腐泥型有机质和腐植型有机质均可形成生物气。

2. 油型气

油型气是指母质为腐泥型干酪根（Ⅰ型）和腐植-腐泥型干酪根（$Ⅱ_1$ 型）进入成熟阶段之后形成的天然气，包括伴随生油过程形成的湿气，以及高成熟和过成熟干酪根和液态烃裂解形成的凝析油伴生气和裂解干气。因此，油型气可以进一步划分为石油伴生气、凝析油伴生气和裂解气。

3. 煤型气

煤型气是指母质为腐泥-腐植型干酪根（$Ⅱ_2$ 型）和腐植型干酪根（Ⅲ型）在进入成熟阶段之后形成的天然气，也叫煤成气，包括热解气和裂解气。腐植型有机质包括在煤层和煤系泥岩中分散的有机质，也包括了煤层中高等植物碎屑。值得注意的是，要区分煤型气和煤层气的概念，煤层气是在煤化过程中形成，主要以吸附状态赋存于煤层当中的一种非常规天然气。

4. 无机成因气

无机成因气是指不涉及有机物反应，由无机物在各种环境中形成的天然气，包括地球深部的岩浆活动、变质作用、无机矿物分解作用、放射作用以及宇宙空间所产生的气体等，可以进一步划分为宇宙气、变质岩气、岩浆岩气、放射作用气、幔源气以及无机盐类分解气。

二、天然气成因的鉴别

天然气成因鉴别是天然气地质学中重要的内容，也是具有重要实践意义的科学问题。天然气组分多样，鉴别天然气成因需要分别鉴定不同组分的成因，但在实际应用中并不需要，一般只鉴别天然气中几个主要组分的成因类型。在理论上不同成因天然气的地球化学特征有所不同，欲寻求统一的标准来识别各种不同类型的天然气，目前尚难做到。鉴别烃类气体成因通常根据以下三方面的资料来进行综合分析：天然气的组成特点，如碳同位素组成、甲烷含量等参数；盆地生烃母质的有机质类型和演化阶段等；气藏中天然气伴生物特征，如凝析油、储层沥青的成分等。

根据天然气的组成和碳同位素特征鉴别天然气的成因类型是最常用的方法，不同成因的天然气干燥系数及碳同位素特征不同，前人已经做出了相关判别图版（图 5-8），运用时要结合具体的地质条件来进行鉴别、分析天然气成因，才能得出合理的认识。

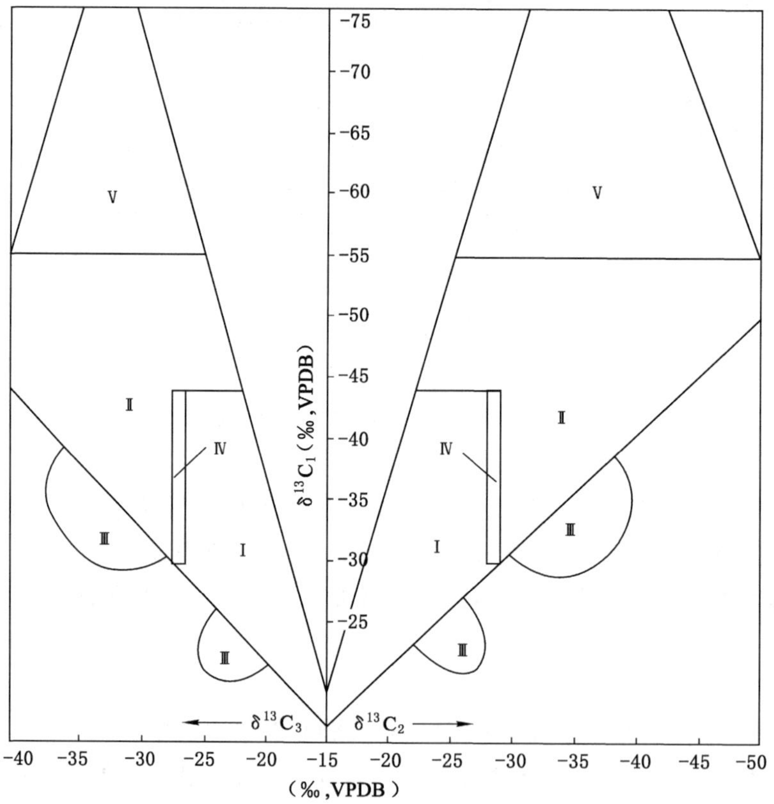

Ⅰ—煤型气；Ⅱ—油型气；Ⅲ—碳同位素倒转混合；Ⅳ—煤成气和（或）油型气；Ⅴ—生物气；

$\delta^{13}C_1$—甲烷碳同位素；$\delta^{13}C_2$—乙烷碳同位素；$\delta^{13}C_3$—丙烷碳同位素。

图 5-8 天然气成因的碳同位素判别图版

（戴金星，2018）

第四节　烃源岩及其评价

烃源岩是指富含有机质、在地质历史过程中生成并排出了或者正在生成和排出石油和天然气的岩石。只生成和排出油的岩石称为油源岩，只生成和排出气的岩石称为气源岩。由烃源岩组成的地层则称为烃源层或生油气层。烃源岩是一个沉积盆地是否含油气的关键要素，烃源岩评价是指导油气勘探的主要根据之一。“源控论”就是根据烃源岩的位置寻找油气的主要理论。烃源岩评价包括烃源层的岩性、岩相及厚度等宏观地质特征研究和烃源岩的有机质丰度、类型及热演化等微观地球化学特征研究两个方面。

一、烃源岩的岩石类型

从岩性看，烃源岩主要包括黏土岩类、碳酸盐岩类和煤系三类烃源岩。岩性特征是研究生油层的最直观标志，虽然岩性并不是决定某地层能否生成石油和天然气的本质因素，但是它与生成油气的基本条件，即原始有机质和还原环境密切相关。

黏土岩类烃源岩，主要包含泥岩和页岩，沉积在一定深度的稳定水体中，环境安静、缺氧，如浅海、三角洲、湖泊等沉积环境。由生物提供的各类有机质，伴随着黏土矿物一起大量堆积、保存，为生成烃类提供了物质基础。由于这些黏土岩类富含有机质以及低价铁化合物，所以颜色多为暗色。

碳酸盐岩类烃源岩，一般以在低能环境下形成的富含有机质的普通灰岩、生物灰岩以及泥灰岩为主，如沥青质灰岩、豹斑灰岩、生物灰岩、隐晶灰岩、泥质灰岩等。烃源岩中含有一定的泥质成分，呈灰黑、深灰色。隐晶-粉晶结构，颗粒少，灰泥为主，大部分为厚层-块状，主要发育水平层理或者波状层理。含有黄铁矿以及生物化石，有时能见原生油苗，锤击可闻沥青臭味。一般来说，最有利的生油岩相是浅海相、三角洲相和深水湖相。

煤系烃源岩，含有煤层或煤线的沉积岩系称为含煤岩系，又称煤系。煤系中煤和富含有机质的泥岩均可以成为烃源岩。主要形成在海陆过渡环境和沼泽环境。煤系烃源岩主要为Ⅲ型干酪根，以生气为主，但是其中的一些组分也能生油。

二、烃源岩的地球化学评价

运用地球化学方法来对烃源岩质量进行系统性的研究，包括有机质丰度、有机质类型以及有机质的成熟度三个方面。

1. 有机质丰度

有机质丰度是指有机质在岩石中的相对含量，表示烃源岩中有机质的富集程度，它是油气形成的物质基础，是决定岩石生烃能力的主要因素。目前常用的丰度指标包括总有机碳含量(TOC)、氯仿沥青“A”、总烃(HC)含量以及岩石热解生烃潜量(S_1+S_2)等。

(1) 总有机碳含量(TOC)

总有机碳含量(TOC)是评价有机质丰度最常用的指标，包含了岩石中不溶有机质——干酪根中的碳，也包括岩石中可溶有机质中的碳，所以称为总有机碳。以单位质量岩石中有机碳的质量百分数表示。

主要是通过岩石热解分析仪测得。因为生油层内油气生成后部分会运移出去，所以实验室测得的数据是岩石中残留下来的有机质中的碳含量，故称剩余有机碳含量。由于生油层内只有很少一部分有机质转化成油气离去，大部分仍残留在生油层中，且碳又是在有机质中所占比例最大、最稳定的元素，所以剩余有机碳含量能够近似地表示生油岩内的有机质丰富程度。

(2) 氯仿沥青“A”和总烃(HC)含量

氯仿沥青“A”和总烃(HC)含量也是评价烃源岩丰度的常用指标之一，用氯仿从岩石中提取出来的有机质，也就是能够溶于氯仿的可溶有机质。总烃是指氯仿沥青“A”中的饱和烃和芳香烃组分的总和。氯仿沥青“A”含量用其占岩石质量的百分数来表示，总烃含量用其占岩石质量的百万分数(10^{-6})表示，指示了烃源岩中可溶有机质的数量。

(3) 岩石热解生烃潜量(S_1+S_2)

岩石热解是一种能快速评价烃源岩的方法，是通过岩石热解分析仪对烃源岩样品加热热解，根据产物类型和数量来进行评价。根据热解的结果，可以计算烃源岩的生烃潜量，即岩石中残留烃(S_1)与热解烃(S_2)之和。

(4) 有机质丰度的划分标准

由于泥质岩和碳酸盐岩生油特征的差别，泥质岩和碳酸盐岩烃源岩评价的标准一般是不同的，且热演化也影响了有机碳的丰度，特别是高-过成熟的烃源岩对有机质丰度下限有较大影响。国外对有机质丰度下限划分标准，无论泥质岩还是碳酸盐岩，一般都定为0.5%(表5-3)。国内则根据我国陆相烃源岩的特征，划分了湖相泥岩和煤系泥岩(SY/T 5735—2019)，一般适用于湖相、海相泥页岩烃源岩层的评价。

表5-3　烃源岩评价标准(Peters,1986)

石油潜能	有机质			氯仿沥青“A”		烃/(μg/g)
	TOC/%	岩石热解分析				
		S_1	S_2	%	μg/g	
差	0～0.5	0～0.5	0～2.5	0～0.05	0～500	0～300
一般	0.5～1	0.5～1	2.5～5	0.05～0.10	500～1 000	300～600
好	1～2	1～2	5～10	0.10～0.20	1 000～2 000	600～1 200
很好	2～4	2～4	10～20	0.20～0.40	2 000～4 000	1 200～2 400
极限	>4	>4	>20	>0.40	>4 000	>2 400

2. 有机质类型

有机质类型主要根据干酪根类型划分，即分为腐泥型(Ⅰ型)、腐植-腐泥型(Ⅱ型)、腐植型(Ⅲ型)，有的学者将其划分为四种类型或五种类型，划分方法有干酪根的元素分析法、显微组分和烃源岩热解分析法等。

(1) 元素分析法

干酪根的化学结构及相应的三种主要元素(C、H、O)原子组成，一般保留和继承了烃源岩中原始有机物质的成分及结构组成，因此，根据 H/C 和 O/C 原子比之间的关系，可以较为确切地对不同类型烃源岩进行分类。关于元素分析法，已经在本章第二节叙述介绍。

(2) 显微组分分析法

干酪根的有机显微组分是由腐泥组、壳质组、镜质组和惰质组等组成，其结构和相互之间的比值是判断烃源岩母质类型的主要方法之一，通过显微观察确定干酪根中各个组分的含量，以此来确定干酪根的类型，一般采用 T 指数法计算。

(3) 岩石热解分析法

岩石热解是评价烃源岩有机质类型最简便有效的方法，热解有机碳含量得到的三个指标：烃指数($I_{HC}=S_1/TOC$)、氢指数($I_H=S_2/TOC$)、氧指数($I_O=S_3/TOC$)。氢指数(HI)是衡量不溶有机质中氢含量的主要指标，氢指数 HI 与最高热解温度 T_{amx} 关系图也能够确切划分出烃源岩的母质类型(图 5-9)。需要注意的是，经过生烃演化作用后的有机质，化学组成和结构与原始有机质已经产生较大的区别，所以在高成熟度时，高热解温度 T_{max} 会产生测量误差，此时应慎重使用热解参数划分有机质类型。利用氢指数与氧指数也可以划分有机质干酪根的类型(图 5-10)。

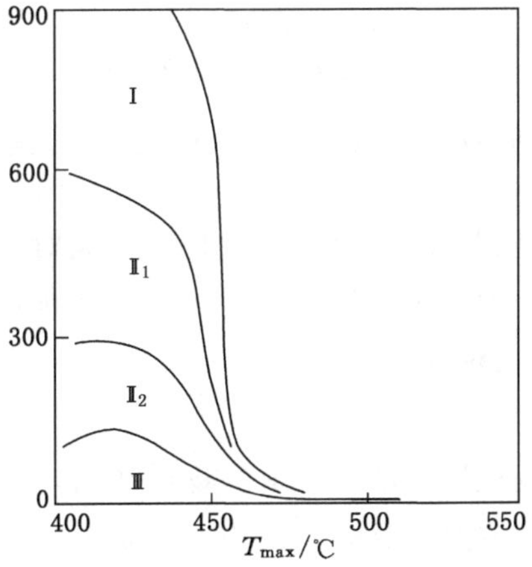

图 5-9 热解峰温与氢指数划分烃源岩类型

(侯读杰等，2011)

(4) 稳定碳同位素($\delta^{13}C‰$)划分

有机质碳同位素 $\delta^{13}C‰$ 可以从一个侧面反映干酪根性质和母质类型构成，由于干酪根的碳同位素($\delta^{13}C‰$)受热演化等地质影响相对较小，可作为判断母质来源的良好指标。一般情况下Ⅰ型干酪根碳同位素较轻，$\delta^{13}C‰$ 一般介于 35‰～－30‰之间，Ⅲ型干酪根的碳同位素较重，$\delta^{13}C‰$ 一般大于－25‰。混合有机质来源烃源岩Ⅱ$_1$ 型干酪根碳同位素介于－30‰～－27.5‰之间，Ⅱ$_2$ 型干酪根介于－27.5‰～－25‰之间。抽提物可溶有机物族组分的碳同位素 $\delta^{13}C‰$ 则表现为饱和烃＜芳香烃＜非烃＋沥青质＜干酪根的特征。

(5) 可溶有机物划分

可以根据烃源岩可溶组分组成特征、生物标志物特征划分有机质的类型。烃源岩中可

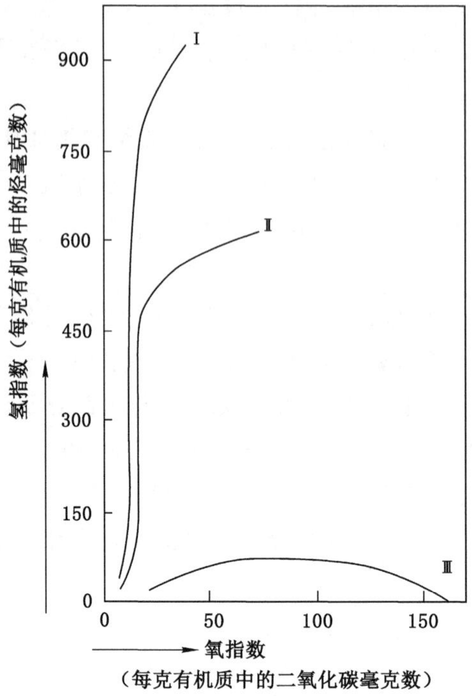

图 5-10　氢指数和氧指数划分干酪根类型

溶有机物包括饱和烃、芳香烃、非烃和沥青质等组分，其相对含量是烃源岩有机母质性质和演化过程的反映，因此烃源岩中可溶抽提物族组成特征对划分有机质类型也有参考意义，尤其是对于低熟烃源岩应用效果较好。

3. *有机质成熟度*

有机质的丰度、类型是沉积岩中油气生成的物质基础，但是有机质只有达到一定的热演化程度，才可以大量地生烃。成熟度是表示沉积有机质向油气转化的热演化程度，是评价烃源岩的重要指标。同煤一样，经典的成熟度参数是镜质体反射率（R_o）。

由于在烃源岩的演化过程中，烃源岩中有机质的许多物理性质、化学性质都发生相应的变化，且这一过程是不可逆的，因而可以应用有机质的某些物理性质和化学组成的变化特点来判断有机质热演化程度。目前用于评价烃源岩成熟度的常规地球化学方法主要有干酪根的组成特征、岩石热解和可溶抽提物的化学组成等。

三、油源对比

油源对比包括油（气）与源岩之间以及不同油藏中油气之间的对比，其目的在于追踪油气藏中油气的来源。通过油源对比，可以分析含油气盆地中石油、天然气与烃源岩之间的成因联系，从而进一步圈定可靠的油源区，指导油气勘探开发。

烃源岩中有机质生成的油气一部分运移到储层中形成油气藏，剩余的大部分残留在烃源岩中，这部分残留在烃源岩中的烃类就是烃源岩中的氯仿沥青“A”。因此，氯仿沥青“A”与来源于该烃源岩的油气有亲缘关系，在化学组成上也必然存在某种程度的相似性。同理，来自同一套烃源岩的油气在化学组成上也具有相似性。相反，来自不同烃源岩生成的油气则表现出较大的差异。这便是油源对比的基本依据。

在进行油源对比时，关键是要选择好对比指标。通常把原油与其烃源岩共同含有的，不受运移、热变质作用影响的化合物称为油源对比指标，或叫指纹化合物。目前所用的油源对比指标主要是正构烷烃碳数分布特征、生物标志物组成特征和稳定碳同位素。应该说明的是，由于原油与烃源岩中的化合物特征不会完全一致，所以在进行油源对比时，必须运用多项指标加以对比，辩证地分析不同指标之间的关系，应该说所用的参数越多，对比结果就越可靠。与此同时，油源的判断研究还必须结合区域地质条件，从烃源岩热演化成烃和油气运移体系角度来考虑，才能客观地认识原油与烃源岩之间的成因联系，这是一项非常复杂的研究。

本章思考题

1. 石油的烃类组分有哪些？天然气的组分有哪些？
2. 天然气的成因类型有哪几类？
3. 油气有机成因理论的主要观点有哪些？
4. 烃源岩有哪几种类型？生烃特征是什么？
5. 有机质类型划分有哪几种方法？
6. 如何进行干酪根类型的划分？干酪根的演化特点如何？
7. 何谓氯仿沥青“A”？氯仿沥青“A”的族组分有哪些？
8. 有机质成熟度判断有几种方法？
9. 有机质热演化有哪几个阶段？其产物是什么？
10. 影响油气生成的主要因素有哪些？它们是如何影响油气生成的？

第六章　油气储集层和盖层

储集层也叫储层，指具有一定连通孔隙、能使流体储存并在其中渗滤的岩石。储集层储存了油气则称为含油气层，已经开采的含油气层称为产层。盖层指位于储集层上方阻止油气向上逸散的岩层。储集层和盖层是油气聚集成藏所必需的两个基本要素，储集层的类型、发育特征、内部结构等，是控制油气分布、油层储量及产能的重要因素。盖层的类型、分布范围等控制油气聚集和保存。

第一节　储集层概述

一、储集空间及类型

储集层能够储集和产出油气，是因为储集层中存在储集空间。储集空间是储集层中储、渗空间的总称，它包括孔隙、溶洞、裂缝等。

1. 孔隙

孔隙指岩石中颗粒（晶粒）间、颗粒（晶粒）内和填隙物内的空间。岩石孔隙空间由孔隙和喉道构成。通常将岩石颗粒（或晶粒）包围着较大的空间称为孔隙。两个颗粒（晶粒）之间连通的狭窄通道称为喉道，它是储集层渗流能力的主要通道。喉道的大小和形态主要取决于岩石的颗粒接触关系、胶结类型以及颗粒本身的形状和大小（图 6-1）。

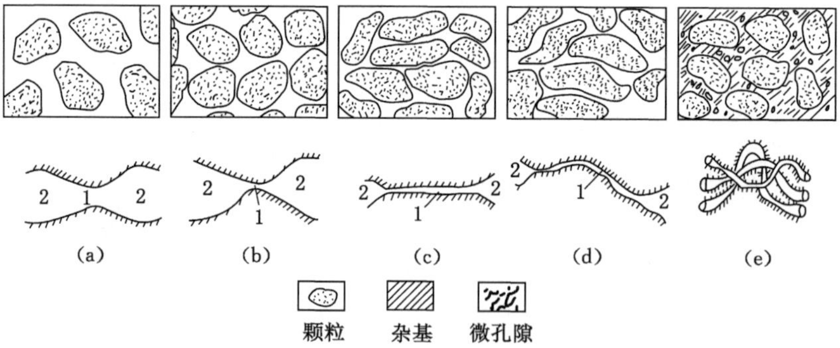

1—喉道；2—孔隙。

图 6-1　碎屑岩孔隙和喉道示意图

（罗蛰潭等，1986）

测定岩石孔隙结构的方法很多，有压汞法、孔隙铸体法、半渗透隔板法、图像分析法、离心机法、蒸气压力法、核磁共振、CT 探测等。

按孔隙成因，可分原生孔隙和次生孔隙两大类。原生孔隙是指在沉积时期形成的孔隙。次生孔隙是指在沉积期后发生的，受成岩后生作用控制的孔隙。

2. 孔洞

孔洞又称溶洞，一般称孔径超过 2 mm、长宽比小于 10 的孔隙为洞穴。按大小可分为小洞、中洞、大(巨)洞等。按成因可分为孔隙性溶洞、裂缝性溶洞、砾(粒)间溶洞、易溶物溶洞，因此溶洞的形成多与表生淋滤作用有关。

3. 裂缝

裂缝是天然气藏储集层中重要的储、渗空间。裂缝发育程度是表征储集层各向异性的重要指标。按缝宽大小可分为巨缝、大缝、中缝、小缝、微缝。按成因可分为构造缝、成岩缝、溶蚀缝等。

二、岩石的孔隙性和渗透性

岩石的孔隙性决定储集层储存油气的数量，渗透性反映了储集层内流体流动能力，孔隙性和渗透性统称为储集物性，是评价储集层的重要参数。岩石中的孔隙按其对流体渗流的影响可分为两类，即有效孔隙和无效孔隙。其中，有效孔隙为连通的毛细管孔隙和超毛细管孔隙；而无效孔隙有两种，一种为微毛细管孔隙，另一种为死孔隙或孤立的孔隙(图 6-2)。

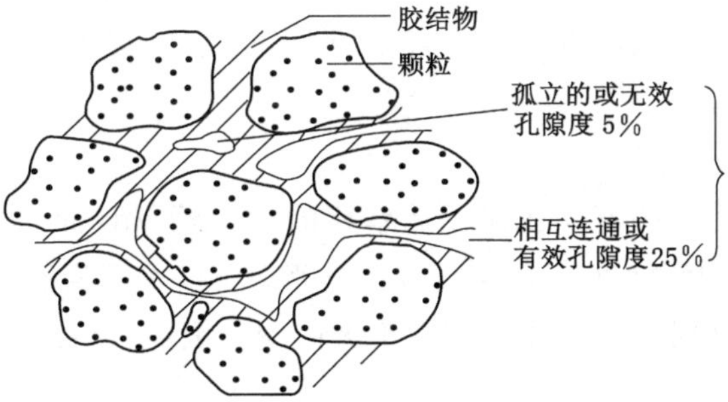

图 6-2　砂岩的连通孔隙和孤立孔隙示意图

(蒋有录等，2006)

1. 孔隙度

孔隙度即岩石孔隙体积与岩石体积之比(以百分数表示)。根据研究目的以及岩石中孔隙的连通情况差异，将孔隙度划分为绝对孔隙度、有效孔隙度及流动孔隙度。

(1) 绝对孔隙度

岩石中所有孔隙体积之和称为总孔隙或绝对孔隙。绝对孔隙和岩石总体积的比值(以百分数表示)称为该岩石的绝对孔隙度。储集岩的绝对孔隙度越大，表明岩石中孔隙空间越大。

(2) 有效孔隙度

有效孔隙度是指在一般压力条件下，允许岩石中流体在其中渗流的连通孔隙总体积与岩石总体积的比值(以百分数表示)。鉴于在含油气层工业评价时，只有相互连通的有效孔隙度才有实际意义，因此习惯上把有效孔隙度简称为孔隙度。显然同一岩石的绝对孔隙度大于其有效孔隙度。

(3) 流动孔隙度

流动孔隙度是指在一定的压差下,液体可在其中流动的孔隙体积与岩石总体积的比值(以百分数表示)。流动孔隙度会随着地层中压力梯度和液体物化性质变化而变化。

2. 渗透率

岩石的渗透性是指在一定压差下,岩石允许流体通过其连通孔隙空间的能力。

(1) 绝对渗透率

当岩石为某单相流体饱和时,岩石与流体之间不发生任何物理化学反应,在一定压差下,流体呈水平线性稳定流动状态时所测得的岩石对流体的渗透率,称为该岩石的绝对渗透率。

通过大量实验研究发现,当单相流体通过多孔介质沿孔隙呈层状流动时,遵循达西直线渗滤定律,即在单位时间内通过岩石截面积的流体流量与岩石两端的压力差和岩石截面积成正比,而与流体通过岩石的长度以及流体的黏度成反比。因此,渗透率实际上表示在一定压差下,流体通过岩石的能力。在法定计量单位(SI)中,渗透率的单位为二次方微米(μm^2),在标准制单位(CGS)中,渗透率的单位是达西(D),1 D=1 μm^2,对于渗透率较低的储层一般采用毫达西(mD),1 D=1 000 mD。

理论上讲,岩石的绝对渗透率只反映岩石本身的特性,而与测定所用流体性质及测定条件无关。但在实际测定工作中,人们发现同一岩样,同一种气体,在不同的平均压力下,所测得的绝对渗透率是有差异的。

(2) 有效渗透率和相对渗透率

在自然界中,储集层孔隙中的流体往往不是单相的,而是两相(油-水、气-水、油-气),甚至三相(油-气-水)共存。不同流体间存在着相互干扰和影响,因而岩石对其中每一相流体的渗流作用,与单相流体饱和时的渗流作用存在很大区别。因此,又提出了有效渗透率和相对渗透率的概念。

在储集层中同时存在多相流体,岩石对其中每一种单相流体的渗透率称为有效渗透率,又叫相渗透率。当在岩石中多相流体共存时,岩石对其中某一相流体的有效渗透率与岩石绝对渗透率的比值,称为相对渗透率,其值总是介于 0～1 之间。

3. 孔隙度与渗透率的关系

岩石的孔隙度与渗透率之间存在一定的相关关系,特别是有效孔隙度与渗透率之间的关系更为密切。对于砂岩等碎屑岩储集层,一般情况下有效孔隙度与其渗透率呈正相关关系,即渗透率随有效孔隙度的增加而有规律地增加,且大多可以用指数形式表示;对于含有裂缝的碳酸盐岩储集层,其孔隙度与渗透率之间可能不具有正相关性。

第二节　储集层特征及评价

严格来讲,自然界各种类型的岩石均具有大小不等的孔隙性和渗透能力。已经发现的油气藏表明,储集层主要以沉积岩为主,如砂岩、石灰岩、白云岩等,极少数油气藏的含油气层为岩浆岩和变质岩。

一、碎屑岩储集层

碎屑岩储集层是世界上各主要含油气区的重要储集层之一，在我国油气田中占有重要地位。碎屑岩储集层按岩石类型分为各种砂岩储集层、砂砾岩储集层、砾岩储集层、粉砂岩储集层等，其中以中、细砂岩和粉砂岩储集层分布最广，最为常见。

1. 储集空间类型

（1）原生孔隙

碎屑岩储集层是由成分复杂的矿物碎屑、岩石碎屑和一定数量的胶结物所组成的。原生孔隙主要为粒间孔隙，其次为基质内部由杂基支撑的孔隙和岩屑粒内孔隙。粒间孔隙即碎屑岩在碎屑颗粒之间未被杂基充填，且胶结物含量少而保留下的原始孔隙，在碎屑岩中普遍发育，是许多碎屑岩储集层的主要储集空间（图 6-3）；杂基孔通常个体很小，一般为束缚水所占据而不能储集油气；岩屑粒内孔隙一般数量很少，对油气储渗意义不大。原生孔隙的发育主要受沉积因素的控制。

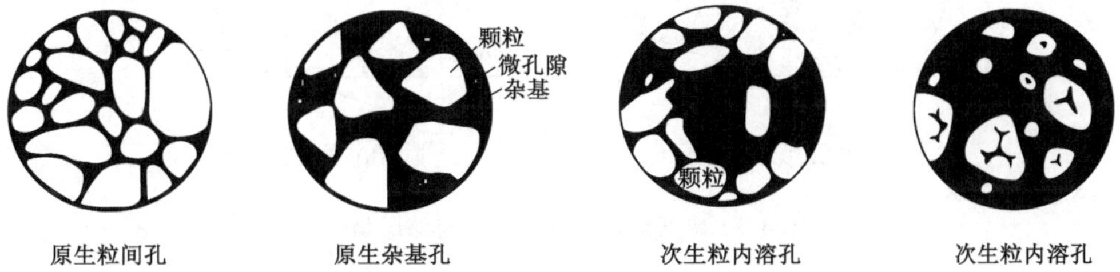

图 6-3　碎屑岩主要孔隙示意图

（应凤祥等，2004）

（2）次生孔隙

砂岩的次生孔隙主要是碳酸盐矿物为主的非硅酸盐组分溶解的溶蚀孔隙。可溶物质有三种来源：沉积的物质、自生胶结物以及自生交代产物。次生溶蚀孔隙也是碎屑岩储集层的主要储集和渗滤空间。岩石组分的破裂和收缩也可使砂岩产生次生孔隙，不过通常在数量上较少。次生孔洞主要受成岩作用的控制。

（3）裂缝

一般来说，碎屑岩储集层中的裂缝不发育，裂缝主要受后期构造运动的控制，在少数情况下可对渗透性的改善起重要作用。

2. 碎屑岩储集层物性的影响因素

碎屑岩储集层物性主要受沉积作用和成岩作用两方面因素的影响。从微观上看，沉积岩的矿物成分、结构和构造影响了储层物性。宏观上，储层受沉积环境和沉积作用的影响。

（1）沉积作用对储层物性的影响

碎屑岩的矿物成分影响储层物性，长石的亲水性和亲油性比石英强，一般情况下，石英砂岩相较于长石砂岩的储集物性好。碎屑颗粒的粒度和分选程度影响储层物性，理论上岩石颗粒越大、分选性越好，储层物性越好（图 6-4）。碎屑颗粒的排列方式和圆球度影响储层物性，理想的圆球状碎屑颗粒，排列可以表现为紧密和疏松等形式，紧密排列岩石物性差，疏松排列岩石物性好(图 6-5)。因此，一般颗粒圆球度越好，其孔隙度、渗透率越大。

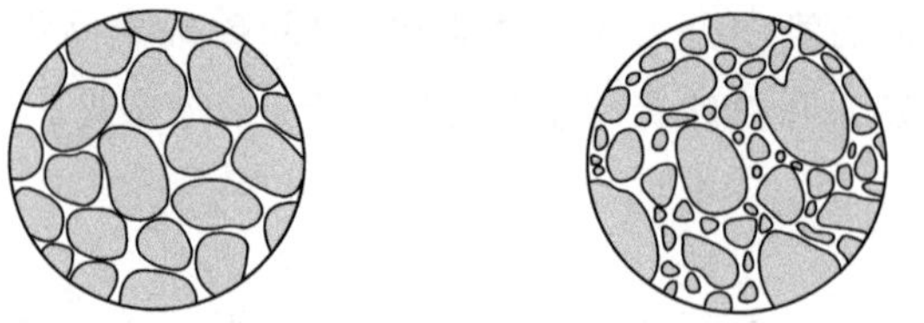

(a) 分选性好的储集层　　(b) 分选性差的储集层

图 6-4　碎屑颗粒的分选性与储层物性

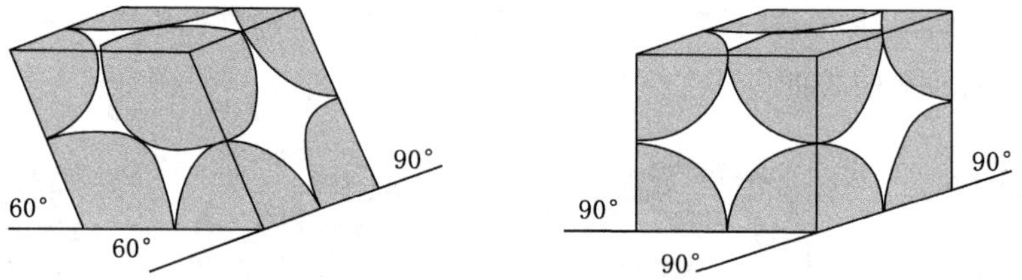

(a) 孔隙度 25.9％　　(b) 孔隙度 47.6％

图 6-5　碎屑颗粒的排列方式与储层物性

碎屑岩是物源区母岩风化的产物经过流水、风、冰川、海(湖)水等介质的搬运和沉积作用转变为碎屑沉积物，再经过成岩作用而形成的。碎屑岩的矿物成分、结构和构造等受沉积物的物源和沉积环境控制。因此，在宏观上沉积环境是控制碎屑岩储集层发育的主要因素。一般情况下，形成于较强的水动力环境中的储集层，粒度相对较粗，分选性好，基质含量低，储集层物性常较好。

(2) 成岩作用对储集层物性的影响

碎屑岩的成岩作用对储层物性的影响包括建设性和破坏性两方面，建设性方面表现在溶蚀作用，破坏性表现在压实和胶结作用。

一般说来，随埋深增加，岩石所受的压实强度就越大，砂岩的孔隙度降低就越大，甚至使砂岩的孔隙近于完全消失。胶结物的含量对储层物性也有明显影响。胶结物含量高，粒间孔隙多被胶结物充填，使得孔径减小，连通性变差，导致储集层物性变坏。

在地下深处，由于孔隙水成分的改变，导致长石、火山岩屑、碳酸盐岩屑和方解石、硫酸盐等胶结物的大量溶解，表现为对碎屑颗粒的溶解、对填隙物的溶解和对自生交代矿物的溶解，形成次生溶蚀孔隙，使储集层孔隙度增大。

二、碳酸盐岩储集层

碳酸盐岩储集层是另一类重要的油气储集层，碳酸盐岩储集层的主要岩石类型包括石灰岩、白云岩、粒屑灰岩、礁灰岩等。世界上很多大油气田以碳酸盐岩为储层，我国古生界海相碳酸盐岩地层分布广泛，在四川盆地、鄂尔多斯盆地、塔里木盆地的碳酸盐岩层系中发现了多个大中型油气田。

1. 碳酸盐岩储集空间类型

碳酸盐岩的储集空间类型多样，孔隙、溶洞和裂缝可能都很发育，较碎屑岩储层复杂。

(1) 原生孔隙和次生孔隙

碳酸盐岩的原生孔隙主要是指在沉积时期形成的与岩石组构有关的孔隙。它们在成岩期可以发生一些变化。原生孔隙包括粒间孔隙、粒内孔隙、生物骨架孔隙、生物体腔孔隙、遮蔽孔隙、鸟眼孔隙和生物潜穴等。原生孔隙主要受沉积环境控制(图 6-6)。

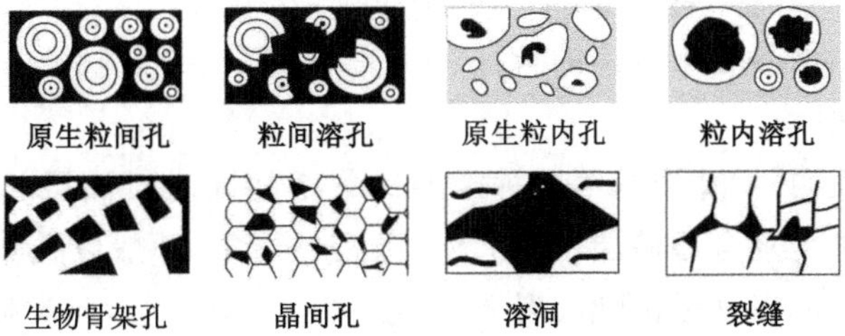

图 6-6　碳酸盐岩主要储集空间类型(黑色代表储集空间)

粒间孔隙、粒内孔隙是碳酸盐岩储层的主要储集空间，生物骨架孔隙、生物体腔孔隙是生物灰岩的主要储集空间，遮蔽孔隙、鸟眼孔隙和生物潜穴等对储集空间贡献不大。

次生孔隙包括晶间孔、溶蚀孔隙。晶间孔是碳酸盐矿物晶体之间的孔隙，一般呈棱角状，其孔隙大小除与晶粒大小及均匀性有关外，还受排列方式的影响。溶蚀孔隙包括粒内溶孔、铸模孔隙、粒间溶孔。次生孔隙主要受成岩作用控制。

(2) 溶洞

碳酸盐岩的溶洞是在沉积期后碳酸盐矿物或伴生的其他易溶矿物被地下水、地表水溶解后形成的空隙。溶洞是溶解作用超出了原来颗粒的范围，不再受原来组构的控制，形成大小不等、形状不规则的洞穴，规模较大。溶蚀孔洞是碳酸盐岩储集层重要的储集空间，特别对古生代或时代更老的碳酸盐岩尤为重要。溶洞主要受成岩后生作用控制，如表生作用或断层的控制。

(3) 裂缝

由于碳酸盐岩性脆，容易破裂，因此裂缝是碳酸盐岩储集层中常见的储集空间类型。裂缝是重要的渗滤通道，沿着裂缝容易发育孔洞，形成缝洞型储层。世界上很多碳酸盐岩产油气层都与裂缝的发育有关系。

2. 碳酸盐岩储集层的类型

根据碳酸盐岩中储集空间类型的不同，可将碳酸盐岩储集层划分为以下四种类型。

(1) 孔隙型储集层

储集空间主要为粒间孔隙、晶间孔隙、生物骨架孔隙、白云化孔隙等颗粒之间的孔隙，渗滤通道为喉道。岩性主要为鲕粒灰岩、生物碎屑灰岩、生物灰岩、礁灰岩等。孔隙度较高，孔隙度和渗透率之间呈线性关系。

(2) 孔洞型储集层

储集空间主要发育各种溶蚀孔洞，既有小孔小洞，又有大孔大洞，这类储集层常分布在不整合面及大断裂带附近，地下水沿不整合面或大断裂带向下渗透、淋溶，形成溶蚀孔洞发育的溶蚀带。古风化壳型碳酸盐岩储集层是此类储集层的一种重要类型。钻井中容易出现放空、井漏等现象。

(3) 裂缝型储集层

在致密、性脆、质纯的碳酸盐岩中，储集空间主要为孔隙和裂缝，裂缝为渗滤通道，裂缝纵横交错构成裂缝网。孔隙度和渗透率之间不协调，孔隙度较低，渗透率可能较高。这类储层一般具有初产量高，但是递减也快的特征。

(4) 复合型储集层

原生孔隙、溶蚀孔洞、构造裂缝等多种类型储集空间同时对储层起作用，一般为两者同时起作用的储集层，称为复合型储层，特别是在致密储层中，一般以孔隙或溶洞为储集空间，以裂缝为渗滤通道，形成裂缝-孔隙型、裂缝-孔洞(缝洞)型储层，此类储层表现为孔隙度和渗透率不匹配现象，储层岩心测试的物性较差，但是宏观裂缝发育。

3. 碳酸盐岩储集层物性的影响因素

(1) 沉积环境

碳酸盐岩原生孔隙的发育与岩性有密切关系。如最常见的粒间孔隙，发育在各种颗粒石灰岩中，其孔隙度和渗透率的大小与颗粒大小、分选程度关系密切，与灰泥基质含量呈反比关系；晶间孔隙与晶粒大小关系密切；各种生物骨架孔、体腔孔与生物个体大小和排列状况有关。

碳酸盐岩岩性是受沉积环境控制的，不同沉积相带水动力条件差别很大，形成的微相和岩性也不同。孔隙发育的岩石，多是一些粗粒结构的石灰岩，如粒屑石灰岩、粗晶石灰岩、生物灰岩等，这些岩石主要分布在高能的沉积环境，即水动力能量较强的或有利于造礁生物繁殖的浅水环境，如台地前缘斜坡相、生物礁相、浅滩相和潮坪等。在水动力能量低的环境里，一般形成微晶或隐晶石灰岩，由于晶间孔隙微小，加上生物体少，能产生溶蚀孔隙的有机酸等也较少，因此低能沉积相带不仅在沉积时期，就是在成岩阶段要形成较多的次生溶孔也是比较困难的。

(2) 成岩作用

碳酸盐岩成岩作用复杂多样，主要有压实及压溶作用、胶结作用、重结晶作用、白云化作用、溶解作用、方解石化作用、硅化作用、硫酸盐化作用等。成岩作用对储层表现为建设性和破坏性两类。压实及压溶作用和胶结作用，对储集层物性主要起破坏作用。能产生或有助于产生次生孔隙的主要作用有溶蚀作用和白云化作用，也包括重结晶作用。碳酸盐岩以方解石、白云石等可溶解矿物为主，因此在成岩后生作用中，可溶矿物被溶解，容易形成溶蚀孔洞，改善储层物性，致密碳酸盐岩后生溶蚀作用对储层发育甚至起决定性作用。

(3) 构造裂缝

碳酸盐岩裂缝根据成因可分为构造裂缝和非构造裂缝两大类，成岩缝、压溶缝等非构造缝数量少，连通性差，对储层发育意义不大。对储集层发育有重要影响的主要是构造裂缝。碳酸盐岩矿物脆性较大，在构造作用下容易形成构造缝，且具有一定规模，构造裂缝对物性差的致密碳酸盐岩储层发育很重要。

构造裂缝的发育程度和分布规律受岩性和构造两方面因素的控制。在剖面上，裂缝往往发育在一定层位，主要受岩性控制。岩石脆性越大，越容易产生裂缝。在平面上，裂缝往往发育在一定的构造部位，主要受构造因素控制。构造作用力的强弱、性质、次数、变形环境和变形阶段等对裂缝发育均有影响。

三、特殊岩类储集层

特殊岩类储集层是指除了上述的碎屑岩和碳酸盐岩之外的其他岩类储集层，包括如岩浆岩、变质岩、黏土岩等储集层。特殊岩类储集层在世界油气总储量中占比很小，但随着油气勘探开发技术的进步，这类储层已经获得越来越多的油气产量，特别是页岩油气，逐渐被重视。

1. 火山岩储集层

火山岩储集层主要是指由火山喷发岩及火山碎屑岩形成的储集层，常见的有玄武岩、安山岩、粗面岩、流纹岩、集块岩、火山角砾岩、凝灰岩等。实际上，把与火山喷发密切相关的火山喷发岩和火山碎屑岩形成的储集层统称为火山岩储集层。

火山岩储集层中以火山碎屑岩储集层的油气田比较常见，而以火山喷发岩为储集层的油气田较少。火山碎屑岩储集层的储集空间与碎屑岩有相似之处，其孔隙类型也比较多，既有粒间孔、粒内孔、晶间孔、气孔、溶蚀孔等，又有构造裂缝、节理和成岩裂缝等。

2. 结晶岩储集层

结晶岩储集层主要指各种岩浆岩和变质岩储集层。它们都有不同程度的结晶，往往作为沉积盆地的基底。这些岩石致密坚硬，通常不具有对油气储集有意义的孔隙空间。但如果经过长期、强烈的风化剥蚀或构造改造破裂作用，常会形成风化孔隙带，具有孔隙性和渗透性，就可成为油气储集层。因此，这类储集层多发育在基岩侵蚀面上。

3. 泥质岩储集层

泥质岩储集层指泥岩、页岩、钙质泥岩以及砂质泥岩等储集层。一般情况下，这类岩石有效孔隙度低、渗透率差、排替压力高，在盆地中主要作为盖层。但是，有些泥质岩类富含有机质，生成的烃类滞留在岩层中，其储集层正是泥质岩本身。泥质岩类储集层的油气勘探具有较大的潜力，是油气勘探（特别是天然气勘探）的新领域。页岩油气属于非常规油气领域，在成熟的大规模压力技术下，非常规页岩油气已经成功进行商业开发，详细见第七章内容。

四、储集层评价

储集层储集性能的好坏研究称为储集层评价。根据储集层的物性特征，可以对储集层进行评价，包括储集层物性下限、储集岩分级和储集层类型等。

1. 储集层物性下限

在评价储集岩、计算储量时都需要对储集岩确定一个下限，即确定一个孔隙度值，当岩石孔隙度低于该下限值时，即为非储集岩。实际工作中划分储集岩与非储集岩是非常复杂而困难的，当裂缝发育时其下限可降低，裂缝不发育时下限可提高。因此，至今未有统一的划分标准。国外对碳酸盐储集岩一般取3%为孔隙度下限，而对砂岩储集岩则取5%作为孔隙度下限。国内碳酸盐储集岩一般取2%～3%，砂岩储集岩则取4%或8%。另外，渗透率也相应存在下限，一般当岩石基质渗透率小于1×10^{-5} μm^2时，已不具备渗气的能力。必须指出，储集岩下限的确定是复杂的、多种因素的。随着开发技术的进步，物性很差的非常规页岩也能产出，物性下限不断被突破。

2. 储集岩分级

储集岩分级是储集层分类评价的基础，砂岩储层和碳酸盐岩储层有不同的分类标准。储层评价标准并不统一，需要根据具体地区进行划分。根据砂岩储集岩以物性和反映孔隙结构的排替压力为参数进行评价，分为好、较好、差和非储集岩四级（表6-1）。碳酸盐岩储层孔隙结构除了在很大程度上受到成岩后生变化的影响外，常发育不同规模的裂缝，从而使分级变得复杂。以储层物性和反映孔隙结构的中值喉道宽度、排替压力、分选系数为参数，分为四级（表6-2）。

表6-1 砂岩储集岩分级（杜尚明等，2004）

级别	孔隙度/%	渗透率/10^{-3} μm^2	排替压力/MPa	评价
Ⅰ	>12	>1	<2	好储集岩
Ⅱ	8～12	0.5～1	2～5	较好储集岩
Ⅲ	4或6～8	0.1～0.5	5～10	差储集岩
Ⅳ	<4或6	<0.1	>10	非储集岩

表6-2 碳酸盐岩储集岩分级（杜尚明等，2004）

级别	孔隙度/%	渗透率/10^{-3} μm^2	中值喉道宽度/μm	排替压力/MPa	分选系数
Ⅰ	≥12	≥10	≥2	<0.1	≥2.5
Ⅱ	12～6	10～0.1	2～0.5	1～0.1	2.5～2
Ⅲ	6～2	0.1～0.001	0.5～0.05	5～1	2～1
Ⅳ	<2	<0.001	<0.05	≥5	<1

3. 储集层类型的确定

储集层类型的确定主要依据各种储集空间的发育程度、不同等级裂缝控制的孔隙体积、裂缝渗透率与基质渗透率的比值。储集层类型的确定常采用静、动态资料相结合的原则。既要根据地质资料，还要根据开发中油气产量、压力特征来确定。根据钻井显示、储集层渗透性与基质渗透率的比、压力恢复、产能、储集空间及渗滤通道等特征。一般碎屑岩储层主要为孔隙型，碳酸盐岩储层类型则比较复杂，储集层可以分为孔隙型、溶洞型、裂缝型和复合型四种类型。

第三节　盖层及其封闭性

盖层是指位于储集层之上，能够阻止储集层中的油气流体向上逸散的岩层。油气密度比水小，在浮力的作用下有向上运动的趋势，盖层的存在能使盆地中的油气得以保存，是盆地油气成藏的关键地质要素。盖层质量、发育层位和分布范围直接影响盆地油气分布的层位和区域。

一、盖层基本特征

1. 盖层的岩性

盖层主要包括泥质岩类、蒸发岩类、致密灰岩类等三种岩石类型。泥质岩类盖层包括泥岩、页岩、粉砂质泥岩，这类盖层是油气田中最常见的，分布最广，数量最多；蒸发岩类盖层主要包括石膏、硬石膏和盐岩等，是质量最好的盖层；致密灰岩类盖层主要包括含泥灰岩、泥质灰岩和石灰岩等。这类岩石能否成为有效盖层取决于其成岩后期的改造条件。如果裂缝不发育，便可作为盖层，否则不能作为盖层。

2. 盖层的类型

从分布范围和所起作用来看，盖层分为区域性盖层和局部盖层两类，区域性盖层是稳定覆盖在油气田上方的区域性非渗透岩层，遍布在含油气盆地或坳陷的大部分地区，厚度大、面积广。区域性盖层是含油气盆地或坳陷内生成的油气能否保存和聚集成藏的关键性地质因素。局部盖层是直接位于圈闭储层上方的非渗透层，或在某些局部构造或局部构造某些部位上分布的盖层，在盆地中局部盖层只对局部油气聚集和保存起作用。当盆地内存在多套盖层时，紧邻储集层之上的盖层称为直接盖层，直接盖层一般是局部盖层，但也可以是区域性盖层。

二、盖层的封闭机理

盖层之所以具有封盖性，从宏观上看是因为盖层岩性致密、无裂缝、渗透性差；从微观上看，主要是因为盖层具有较高的排替压力。所谓排替压力，是指某一岩样中的润湿相流体，被非润湿相流体开始排替所需的最低压力。由于沉积岩多被水润湿，油气要通过它进行运移，必须首先排替其中的水，才能进入其中。如果驱使油气运移的动力未达到进入盖层所需的排替压力值，则油气就被遮挡于盖层之下。排替压力越大，盖层的封闭能力越强；反之，排替压力越小，盖层的封闭能力越差。盖层封闭油气的机理主要为受物性控制的物性封闭，也有超压封闭和烃浓度封闭的理论，但是物性封闭是最基本和最重要的。

1. 物性封闭

物性封闭又称为毛细管压力封闭。油珠或气泡在盖层孔隙中运动必须克服油-水或气-水界面张力引起的毛细管力。岩石毛细管压力大小与岩石孔喉半径及流体性质密切相关。孔喉半径越大，毛细管压力越小；反之，则越大。最大连通孔隙所具有的毛细管力就是盖层的排替压力。

岩石排替压力的大小同其孔隙和喉道的大小有直接关系。不同粒级沉积物中，水排替石油所需的压力值不同,沉积岩颗粒粒级增大,排替压力就会相应降低。泥岩具有较大的排替压力,可以成为良好的盖层。所以,岩石的物性越差,就越可能成为盖层。这就是盖层的物性封闭机理。

2. 超压封闭

超压封闭是依靠盖层孔隙流体中的异常高压,对储集层中油气起到有效封闭的作用。泥岩层异常高流体压力是指地层孔隙流体压力比其对应的静水压力高。油气欲穿过异常高压泥岩盖层,除需要克服毛细管阻力外,还要克服流体超压阻力,超压直接参与泥质岩盖层阻止油气的作用。这种由于超压的存在形成对油气的封闭作用称为超压封闭。超压并不是在所有盖层中都存在,只有存在异常高压的泥岩盖层,超压封闭才起作用。

3. 烃浓度封闭

扩散是自然界常见的一种物理化学现象,特别是天然气具有较强的扩散性。当储集层中天然气存在浓度差时,天然气就会从高浓度区向低浓度区扩散。如果盖层中也具有较高的天然气浓度,则储集层与盖层之间天然气的浓度差就会减小,扩散作用减弱,从而可以减缓或阻挡储集层中烃类的扩散损失,由此造成的盖层封闭作用称为盖层的烃浓度封闭作用。并不是所有盖层烃浓度都起封闭作用,实际上只有那些具有生烃能力的盖层才能具有烃浓度封闭作用,但这种封闭作用的程度有限。

三、盖层封闭性的影响因素

1. 盖层的岩性

盖层的岩性是影响封闭性的最主要因素。充当盖层的岩石主要为泥质岩类、蒸发岩类,这与岩石致密性有关。岩石致密,排替压力高,流体不容易渗流,这是盖层起封闭作用的直接原因。另外,这几类岩石韧性相对较高,与脆性岩石相比,在构造变形过程中不易产生断裂和裂缝,储集层中油气能够起到更好的封闭作用。在通常的地质条件下,韧性的顺序是盐岩＞硬石膏＞富含有机质页岩＞页岩＞粉砂质页岩＞钙质页岩＞燧石岩。其中,盐岩和硬石膏等蒸发岩的韧性最大,因此,很多发育大型油气田含油气盆地以蒸发岩为盖层,特别是对盖层质量要求高的大气田。

2. 盖层厚度

一般认为盖层封闭有一个厚度下限,称为有效厚度下限,即达到一定厚度后盖层封闭能力与厚度无关。泥岩厚度下限一般为几十米,有效厚度的下限标准与岩性有关,如大庆油田泥岩盖层有效厚度下限为 20 m,6～10 m 厚的盐膏岩就能成为有效盖层。

从保存油气的角度来看,盖层厚度越大对油气的保存越有利。这主要是因为,厚度大的盖层不易被小断层断穿,不易形成连通的微裂缝,减小了盖层孔隙连通的机会。厚度大的泥岩盖层易于形成超压,增强封闭能力。

从盖层类型来看,对厚度要求也不同,作为直接盖层,厚度有几米甚至几十米,但是要作为区域性盖层,起到封盖盆地内油气的作用,则往往需要百余米厚度的盖层,才能保证在构造运动频繁的盆地中油气不至于大量散失掉。

3. 盖层的连续性

盖层的连续性是指盖层横向分布的连续性,包括厚度变化及被剥蚀、被断裂错断的情况。区域性盖层是一个盆地或坳陷油气成藏的关键地质要素，质纯、粒度细、连续性好的区域性盖层对盆地油气保存至关重要。特别是多期构造活动的盆地，受含油气盆地构造活动影响，盆地抬升可能使盖层遭受剥蚀，盖层封闭性随着剥蚀程度的增加而变差甚至消失。断裂作用对盖层封闭性也有重要影响，在一般情况下，断裂作用对盖层的封闭性起着破坏作用，尤其是当断层断距大于盖层厚度或断裂带呈开启状态时，断裂可使盖层完全丧失封闭能力，对油气的保存十分不利。盖层的大范围连续稳定分布对于盆地油气聚集有十分重要的意义。

4. 盖层的成岩作用

成岩作用的不同阶段，岩石的压实作用、黏土矿物的转化、有机质演化程度等都不同，引起盖层的塑性和封闭性差别，成岩阶段与埋藏深度有关，埋藏深度越大，成岩作用越强。例如泥岩盖层，早成岩阶段埋藏较浅，泥岩成岩程度差，盖层封闭能力较低；早成岩阶段晚期和中成岩早期，随着压实程度增高，可塑性最好，封闭性最强；随着埋藏深度增加，到中成岩晚期至晚成岩阶段，泥岩的可塑性降低、脆性增大，易产生裂缝，使其封闭性能减弱。盐膏岩则相反，在埋藏浅的早期成岩阶段，封闭性相对较差，在深埋的成岩中晚期，可塑性最好，封盖能力最强，一般封闭性好坏的转换与埋藏深度及地温梯度有关。

四、盖层评价

盖层质量和封闭性好坏的研究，称为盖层评价，可以从宏观和微观两个方面进行评价。盖层宏观封闭性不仅反映盖层在横向分布上的连续性，而且对盖层封闭机理及能力大小起着决定性作用。反映盖层宏观封闭性特征的评价参数主要有：盖层的岩性、盖层厚度及连续性、盖层成岩阶段及可塑性、盖层欠压实作用、微裂缝形成及断裂破坏等。盖层的微观封闭性主要包括盖层岩石的物性特征、孔隙结构特征以及所含流体能量大小等。

本章思考题

1. 储集层类型及特征是什么？
2. 碎屑岩储集层孔隙类型有哪些？
3. 碳酸盐岩储集空间有哪些类型？
4. 比较砂岩储层和碳酸盐岩储层的异同。
5. 试述盖层封闭油气机理。
6. 影响盖层封闭性的主要因素有哪些？

第七章 圈闭和油气藏

圈闭是油气聚集的场所，是油气藏形成的基本要素之一，圈闭中聚集油气就形成了油气藏；油气藏是含油气盆地中最基本的油气聚集单元，是油气勘探、开发的直接目标。因此，深刻理解和掌握圈闭与油气藏的概念，了解不同类型圈闭和油气藏的特点、形成条件和分布规律，对认识油气在地壳中的分布状况，指导油气勘探与开发都具有重要的现实意义。

第一节 圈闭和油气藏的概念

一、圈闭的概念及度量

1. 圈闭的概念

圈闭是地下储集岩中能够聚集和保存油气的“容器”，它由储层、盖层和遮挡条件三个要素构成。储层的孔隙性和渗透性提供了圈闭储存油气的空间和渗流通道；盖层紧邻储层之上，阻止油气向上逸散；遮挡条件位于储层侧面，对油气侧向运移起阻挡作用。这三个组成要素是否同时存在是判断地下有无圈闭存在的依据(图 7-1)。圈闭遮挡条件的形成是多方面的，可以是盖层本身的弯曲变形，如背斜圈闭；也可以是其他因素使储层连续性遭到破坏所造成的，如断层、岩性变化、不整合覆盖等(图 7-2)。

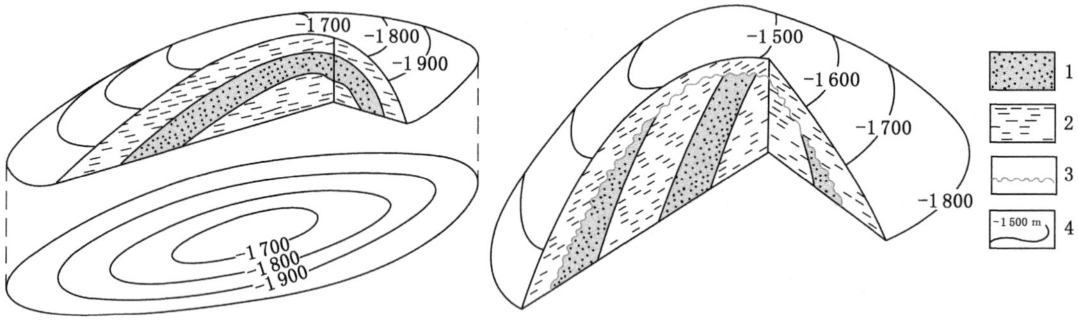

(a) 背斜遮挡　　　　(b) 不整合面遮挡

1—砂岩储集层；2—泥岩盖层；3—不整合面；4—构造等高线。

图 7-1 圈闭示意图

2. 圈闭的度量

在评价圈闭时，圈闭的规模是一个很重要的参数。圈闭的规模主要由圈闭的有效容积来确定，它表示圈闭能容纳油气的最大体积。圈闭的有效容积与圈闭的溢出点、闭合面积、

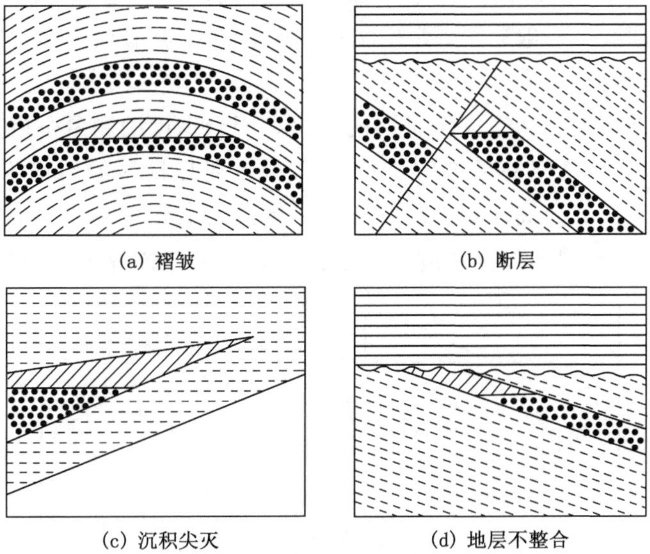

图 7-2　圈闭的几种遮挡条件

（柳广弟，2009）

闭合高度、储层的有效厚度和有效孔隙度等参数有关。

① 溢出点：是指油气充满圈闭后最先开始向外溢出的点。不同类型的圈闭决定溢出点位置的因素不同，背斜圈闭的溢出点一般为向下倾伏的储层中最先翘起的位置 A 点（图 7-3）；断层圈闭、岩性圈闭的溢出复杂一些，透镜型岩性圈闭没有溢出点。

② 闭合面积：是指通过溢出点的构造等高线所圈定的封闭区的面积（图 7-3）。或者说，通过溢出点的水平面与储层顶面和其他封闭面（断层面、不整合面、储层尖灭带等）所相交构成的闭合区的面积。一般来说，闭合面积越大，圈闭的有效容积也越大。不同类型圈闭的闭合面积相差很大。断层圈闭的闭合面积由断层及最低圈闭闭合线围限而成。

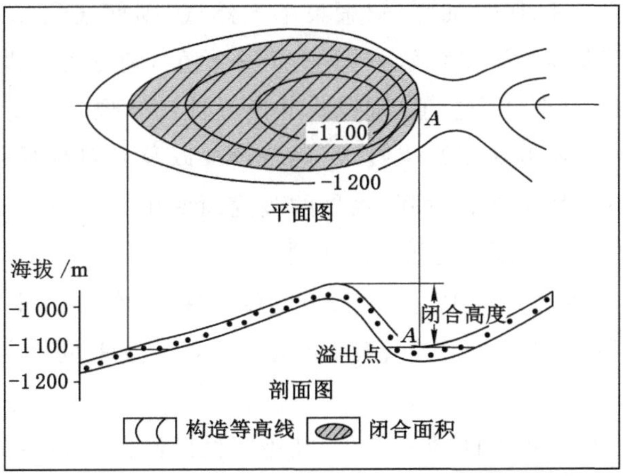

图 7-3　背斜圈闭的溢出点、闭合高度、闭合面积示意图

③ 闭合高度:是指圈闭最高点到溢出点之间的海拔高差,也称为闭合度。它是圈闭可能储集油气的最大高度。一般来说,圈闭的闭合高度越大,其有效容积也越大。不同类型的圈闭,其闭合度相差很大。

闭合高度与褶皱幅度是两个完全不同的概念。闭合高度的测量是以过溢出点的水平面为基准,与圈闭的最高点之间的铅直高度,而褶皱幅度是以区域倾斜面为基准,垂直于倾斜面到褶皱核部幅度最大点的高度(图 7-4)。具有相同褶皱幅度的背斜构造,由于区域倾斜面不同,可以具有完全不同的闭合高度。一般褶皱幅度大于或等于闭合度。

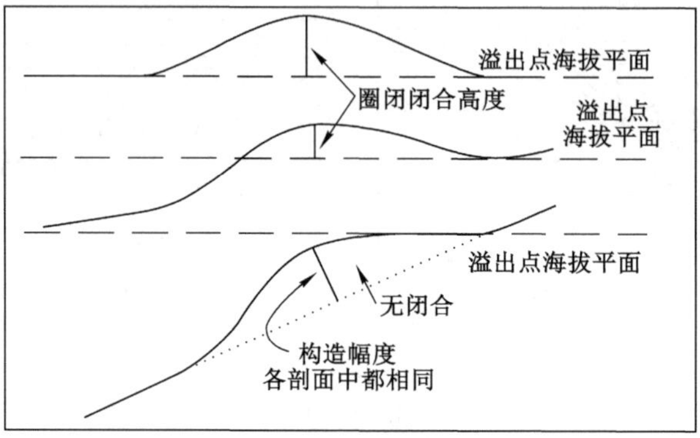

图 7-4　相同褶皱幅度的背斜因区域倾斜不同而具有不同的构造闭合度

二、油气藏的概念及度量

1. 油气藏的概念

圈闭的概念只强调了它具备储集油气的功能,圈闭的要素则表明了它接纳烃类的条件(储层)和防止烃类逸散的条件(盖层和遮挡)。但是圈闭中不一定都有油气聚集,一旦有足够数量的油气进入圈闭,充满圈闭或占据圈闭的一部分,便可形成油气藏。油气藏是单一圈闭内具有独立压力系统和统一油-水(或气-水)界面的油气聚集,是地壳中最基本的油气聚集单元。

若圈闭中只聚集了石油,则称油藏;只聚集了天然气,则称气藏;二者同时聚集,则称为油气藏。若圈闭中油气聚集的数量比较多,具有开采价值,则称为商业性油气藏;如果圈闭中油气聚集的数量较少,没有开采价值,则称为非商业性油气藏。圈闭中究竟聚集多少数量的油气才有开采价值呢?这取决于开采技术、经济情况以及人们对石油的需求程度,所以商业性油气藏的概念可以认为是随着时间、条件的改变而变化的。

油气藏的概念强调了“单一圈闭内”的油气聚集。这里“单一”的含义主要是指受单一的要素所控制,在单一的储层中,在同一面积内,具有独立的压力系统和统一的油-气-水界面。如果不具备这些条件,即使是位于同一面积上的油气聚集单元,也不能认为是同一个油气藏(图 7-5)。

2. 油气藏的度量

油气在圈闭中可能仅占据圈闭的一部分,其极限情况则是充满整个圈闭。为此,油气藏的大小不能用圈闭度量参数代替,需要单独来度量,其目的是用来计算储量。通常用以下一些参数来度量油气藏(图 7-6)。

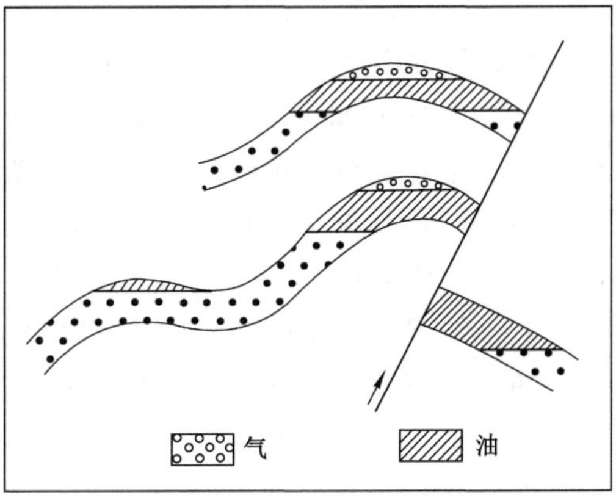

图 7-5　相互独立的 4 个油气藏

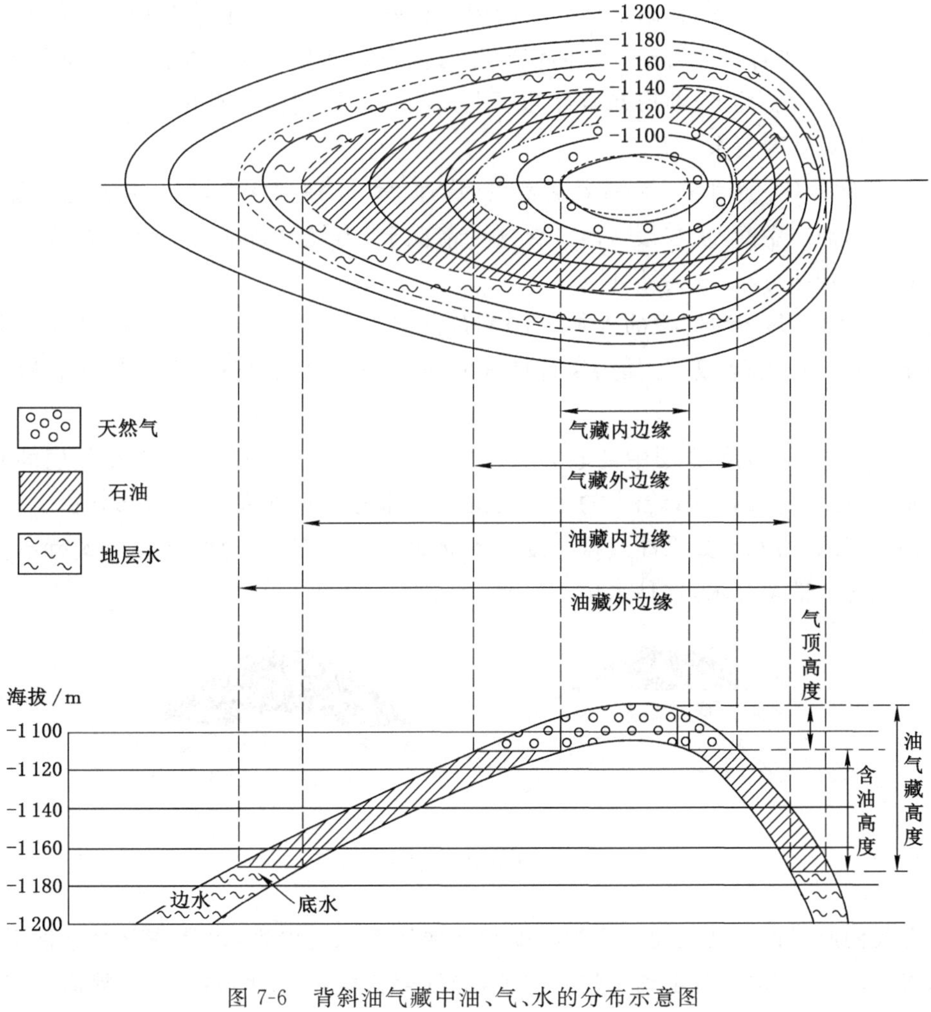

图 7-6　背斜油气藏中油、气、水的分布示意图

（陈作全，1987）

① 油(气)-水界面:在油气藏中,由于重力分异的结果,气在上、油居中、水在下,按一定规律分布,因此在油气藏中存在油-气界面和油-水界面。一般情况下,这些分界面是近于水平的。在未被破坏的背斜油气藏中,油-气-水的分界面常近于水平,且它们分界线的水平投影线往往与构造等高线大致平行。但也需要指出的是,由于受水动力、储层非均质性及开发等因素的影响,自然界油气藏中的油-气-水界面有时也会发生倾斜或变得不规则。

② 油(气)藏高度:是指油(气)藏顶点到油(气)-水界面的垂直距离。若有气顶时,则油-水界面和油-气界面之间的垂直距离,称为油藏高度;而油气藏顶点到油-气界面的垂直距离,称为气顶高度;此时油藏高度加气顶高度之和为油气藏高度。它是度量油气藏大小的一个重要参数。

③ 含油(气)边界和含油(气)面积:通常把油(气)-水界面与油(气)层顶、底面的交线,称作含油(气)边界。其中,与油(气)层顶面的交线,称为外含油(气)边界,与油(气)层底面的交线,称为内含油(气)边界。若油(气)藏的高度小于油(气)层的厚度时,则油(气)-水界面与油(气)层底面不相交,这时油(气)藏的内边界就不存在。由相应的内、外含油(气)边界所封闭的面积,分别称作内含油(气)面积和外含油(气)面积。通常含油(气)面积是指外含油(气)面积。在背斜构造、断层和岩性储层尖灭的共同控制油气藏情况下,油气藏高度、含油气面积的计算就要复杂一些。

④ 气顶和油环:在油气藏中存在游离气时,油、气、水按密度分异,气总是占据圈闭的顶部,称为气顶,油居中间,水在最下面。在这种情况下,当气顶高度大于储层有效厚度时,油在平面上呈环带状分布,称为油环。

⑤ 充满系数:是指油气藏的含油(气)高度与圈闭的闭合高度的比值,又称灌满系数。一般情况下,在油气源丰富、生储盖组合良好的地区,充满系数高;而在贫油气源地区,充满系数较低。

⑥ 底水和边水:沉积岩层中被地下水所充满,如果油气藏的高度大于储集层的厚度,这时油气充满圈闭的高部位,储层内的水就会围绕在油气藏的四周,即水分布在内含油气边界以外,这种水称为边水。如果油气藏高度小于储集层的厚度,内含油(气)边界就不存在了,这时油气藏的下部全为水,这种水称为底水(图 7-7)。

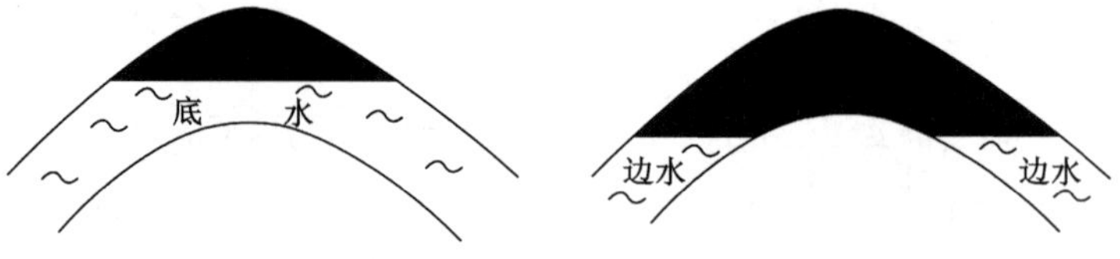

图 7-7 油田水与油气藏关系

以上我们所讨论的确定油气藏的高度和含油气面积等内容,都是在静水条件下油(气)水界面水平的情况,但在有水动力的条件下,油气等势面和油-水(或气-水)界面都将要发生倾斜或弯曲,这时油气藏高度和含油气面积都将会发生相应的改变,在计算时要复杂一些,但是这种情况是比较少的。

第二节　油气藏类型

一、油气藏的成因分类

油气藏分类是认识油气藏的重要方法，对油气藏勘探和开发具有重要的实践意义。由于分类目的不同，提出了多种油气藏分类方案。具体包括根据油气藏的相态特征、油气藏的形态特征和圈闭成因等进行划分。

圈闭是油气聚集的场所，也是形成油气藏的基本条件之一。一旦圈闭内聚集并保存了具有工业价值的烃类流体后，就成为油气藏。因此，圈闭与油气藏之间有着密切的关系。圈闭的形成条件决定着油气藏的基本特征，圈闭的类型决定着油气藏的类型及其勘探方法。从指导油气勘探和实用的角度出发，一般采用油气藏圈闭成因分类方法，即圈闭和油气藏分类使用同一套分类系统，同一套术语可同时用于圈闭和油气藏。这种方法被广泛应用。其中比较著名的有苏联石油地质学家布罗德的形态分类和美国石油地质学家莱复生的圈闭成因分类方案。

油气藏圈闭的成因分类，以圈闭形态为主和遮挡条件为辅的划分原则，前者作为划分大类的基础，后者作为划分亚类的依据。根据控制圈闭形成的地质因素，可将油气藏分为：构造油气藏、地层油气藏、岩性油气藏和复合油气藏四大类。各大类油气藏又可根据其圈闭形态和遮挡条件，进一步划分为若干亚类(表 7-1)。

表 7-1　油气藏分类表

大类	类	亚类	模式
构造油气藏	背斜油气藏	a. 挤压背斜	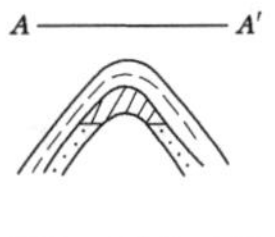
		b. 基底隆升背斜	
		c. 底辟拱升背斜	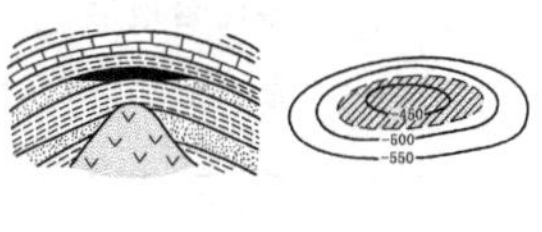
		d. 披覆背斜	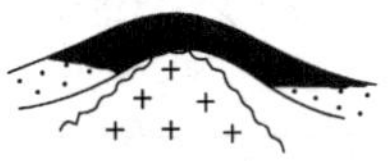
		e. 逆牵引背斜	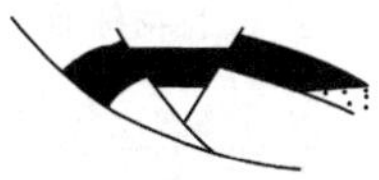

表 7-1(续)

大类	类	亚类	模式
构造油气藏	断层油气藏	f. 断鼻油气藏	
		g. 断块油气藏	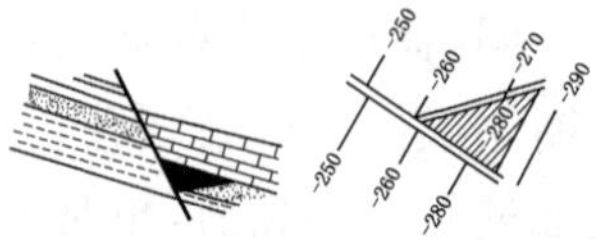
	刺穿接触油气藏	h. 盐体刺穿油气藏	
		i. 泥火山刺穿油气藏	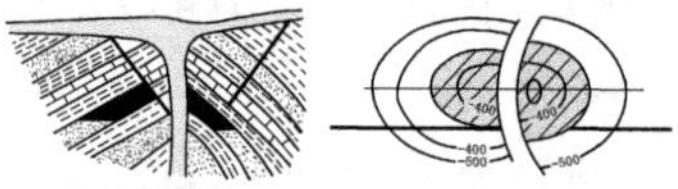
		j. 岩浆岩柱刺穿油气藏	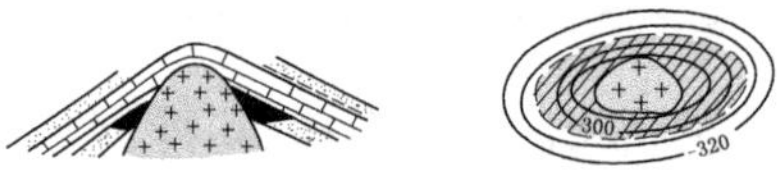
地层油气藏	地层不整合遮挡油气藏	k. 古潜山油气藏	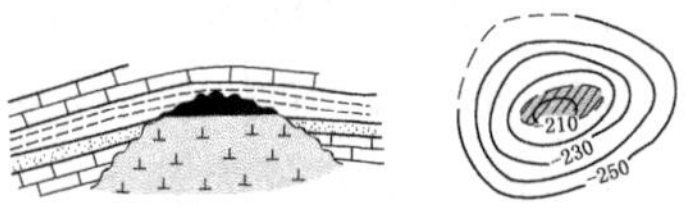
		l. 潜伏剥蚀凸起	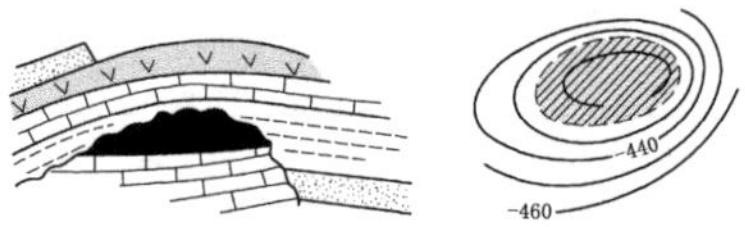
		m. 潜伏剥蚀构造油气藏	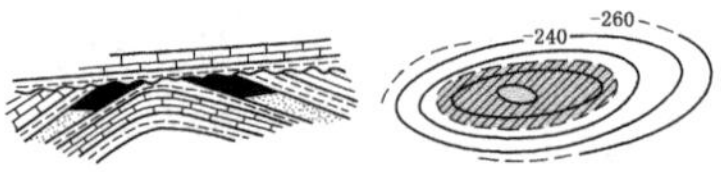
	n. 地层超覆油气藏		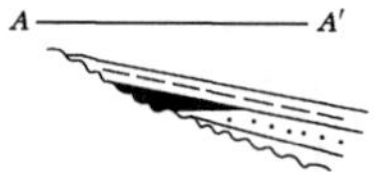
岩性油气藏	砂泥岩地层 o. 砂岩上倾尖灭油气藏		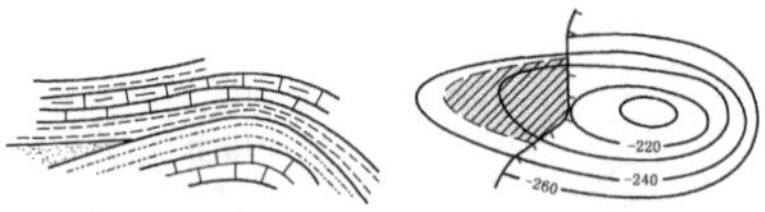
	p. 砂岩透镜体油气藏		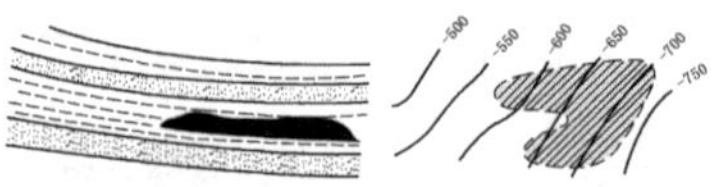
	q. 生物礁油气藏		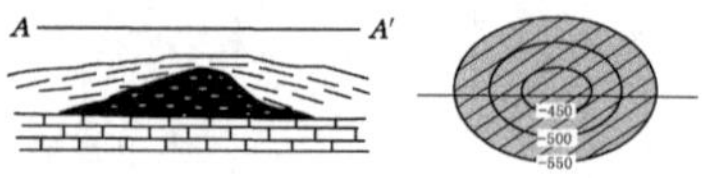

表 7-1(续)

大类	类	亚类	模式
复合油气藏		r. 构造-地层油气藏	
		s. 构造-岩性油气藏	
		t. 水动力油气藏	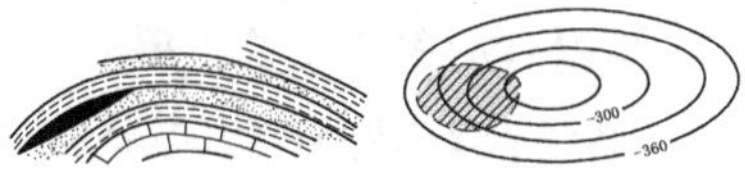

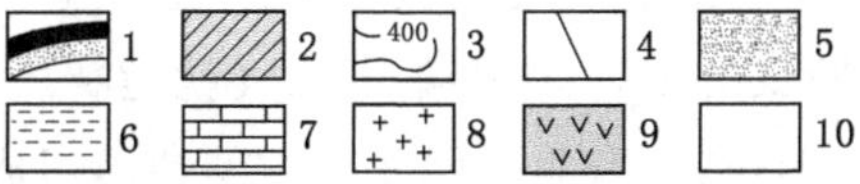

1—油气层；2—含油气面积；3—油气层顶面构造等高线；4—断层；5—砂岩；6—泥岩；7—灰岩；8—岩浆岩；9—盐膏岩；10—水层。

上述圈闭和油气藏的类型都符合传统的圈闭和油气藏的概念，属于常规类型。除此之外，在自然界还存在一些非常规的油气聚集形式，如页岩气、煤层气、页岩油等，在形成机制和勘探开发技术上不同于常规油气藏，分类上自然也不同。对于这些特殊类型的油气资源的特征和形成问题，将在本书后续有关章节中介绍，本节主要介绍的是常规圈闭和油气藏的分类。

二、构造油气藏

所谓构造油气藏，是指由于地壳运动使地层发生变形或变位而形成的圈闭，称构造圈闭。在构造圈闭中，油气的聚集称构造油气藏。构造运动可以形成各种各样的构造圈闭，因此所形成的油气藏也就不同。据此，又可进一步分为背斜油气藏、断层油气藏、刺穿接触油气藏等三种基本类型。

1. 背斜油气藏

在构造运动的作用下，地层发生弯曲变形形成四周低中部高的背斜构造，称背斜圈闭。油气在背斜圈闭中聚集形成的油气藏，称为背斜油气藏。背斜构造油气藏是最重要的油气藏类型之一，是世界上大型、巨型油气藏的主要类型。背斜油气藏是石油地质学家们最早认识的一种油气藏类型，并提出“背斜学说”，认为地下油气聚集与背斜构造有关，这大大加快了新油气田的发现，在油气勘探的历史上具有里程碑意义。背斜油气藏在各种类型的油气藏中，是最常见、最简单、最典型的一种类型，其在地震勘探剖面中比较容易识别，地震揭示的背斜构造圈闭相对可靠，直到目前，背斜圈闭仍是油气勘探的最主要目标之一。

背斜构造的存在，是形成背斜油气藏的基本条件，从形态上看，背斜圈闭有很多种类型，如长轴背斜、短轴背斜、箱状背斜、倾伏背斜等。但是，从背斜圈闭成因上看，背斜油气藏可以划分为挤压背斜油气藏、基底隆升背斜油气藏、底辟拱升背斜油气藏、披覆背斜油气藏、逆牵引背斜油气藏等五种类型[表 7-1(a)～(e)]。

2. 断层油气藏

(1) 断层油气藏的类型

断层圈闭是指沿储集层上倾方向受断层遮挡所形成的圈闭；在断层圈闭中聚集了油气，称断层油气藏。断层油气藏在世界各含油气盆地中广泛分布。在我国，无论是西北古生代褶皱区还是东部地台区含油气盆地，都形成了为数众多的断层油气藏。

断层圈闭的形式是多种多样的，但它们在成因上有共同的内在联系，就是在地层的上倾方向被断层所遮挡形成圈闭。根据断层线、构造等高线、岩性尖灭线三者的组合关系，分析圈闭形成的原因，断层油气藏主要有断鼻油气藏和断块油气藏两种类型。

在区域倾斜构造的背景上，鼻状构造的上倾方向被断层所切割封闭，共同组成断层圈闭，称为断鼻气[表 7-1(f)]。断块油气藏是储集层被多条断层相互切割形成各种形状的断块，如果断块被断层所封闭，就形成断块圈闭，其中聚集了油气就是断块油气藏[表 7-1(g)]。一般断块油气藏由以下几种断层组合形式：由弯曲断层面与倾斜地层组成的圈闭，在倾斜储集层的上倾方向，为一向上倾凸出的弯曲断层面所包围；由交叉断层与倾斜地层组成的圈闭在倾斜储集层的上倾方向，被两条相交叉的断层所包围，在构造图上表现为构造等高线与交叉断层相交；两个弯曲的断层面在两侧相交，而中间形成闭合的空间，在构造图上表现为弯曲断层线组成似透镜状圈闭；由断层与倾斜地层岩性尖灭组成的圈闭。

(2) 断层的封闭性

断层油气藏形成的关键是断层具有封闭作用，即由于断层的存在使油气在纵向、横向上都被密封而不致逸散，这是断层遮挡形成油气藏的关键。断层的封闭能力从本质上来说，取决于断层面两侧储层与断裂带的排替压力差。只要储集层上倾方向的另一盘排替压力较高，就能阻止油气通过断层运移，断层就起到一定的封闭作用。

从控制断层封闭性的因素来看，断层在横向上封闭与否，主要取决于断面两侧渗透性地层是否能够直接接触，如果断层两侧的渗透性岩层不直接接触，俗称“砂岩不见面”，就可起封闭作用；反之，如果断层两侧的渗透性岩层直接接触，则不能起封闭作用(图 7-8)。另外，断层性质和产状、断层带内矿物及泥岩涂抹程度等都会影响断层的封闭性。

3. 刺穿接触油气藏

由于刺穿岩体接触遮挡而形成的圈闭，称刺穿接触圈闭，聚集油气的刺穿接触圈闭称刺穿接触油气藏。按刺穿岩体性质的不同，可以分为盐体刺穿、泥火山刺穿及岩浆岩柱刺穿等。目前世界上这三种刺穿接触油气藏都有发现，盐丘刺穿相对较多，但是从世界范围看，刺穿接触油气藏分布并不广泛。

形成刺穿或底辟构造的基本条件是地下深处存在相当厚度的膏盐或软泥层，这些岩石具有可塑性，其次是上覆岩层存在压差变化比较显著的薄弱带，这些软岩沿着软弱带刺穿沉积岩层，构成遮挡条件，形成刺穿接触圈闭[表 7-1(h)～(j)]。与刺穿构造有关的圈闭，除刺穿接触圈闭外，还可形成背斜圈闭、断层圈闭等。

三、地层油气藏

地层圈闭是指与地层不整合有关的圈闭，在地层圈闭中的油气聚集，称为地层油气藏。

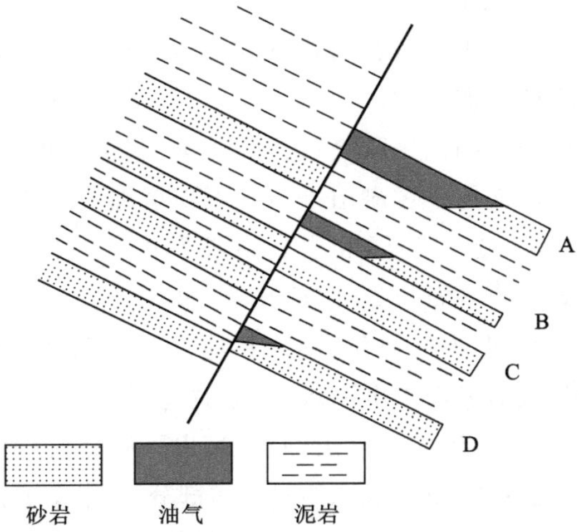

A、B层为完全封闭；C层为不封闭；D层为部分封闭。

图 7-8　断层两侧岩性接触与断层封闭性

（柳广弟，2009）

世界油气勘探的经验证明，不整合面的上下常常可成为油气聚集的有利地带，这里所指的不整合既包括角度不整合，也包括平行不整合（假整合）。由于储集层与不整合面接触，储集层遭风化剥蚀，又被不渗透岩层所覆盖，不整合为遮挡条件，形成地层圈闭。与构造圈闭不同，构造圈闭是由于地层变形或变位而形成的遮挡条件。

地层圈闭既是一种地层现象，又是一种构造现象。不整合对地层圈闭的形成起主导作用，但通常必须与其他构造因素或岩性因素结合在一起，由不整合面和储集层顶面的构造等高线构成封闭区。根据储集层与不整合面的关系，地层油气藏大致可以分为两大类，即位于不整合面之下的地层不整合遮挡油气藏和位于不整合面之上的地层超覆油气藏。储集层在不整合面之上和之下，未与不整合直接接触而由其他因素形成的圈闭均不属于地层圈闭（图 7-9）。

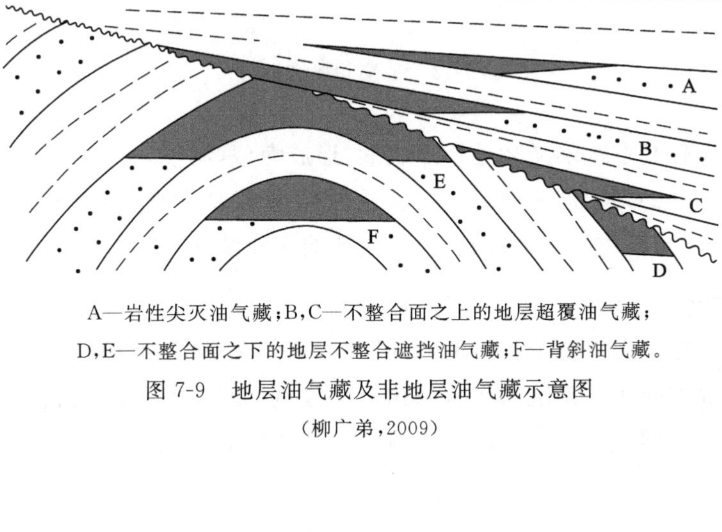

A—岩性尖灭油气藏；B，C—不整合面之上的地层超覆油气藏；

D，E—不整合面之下的地层不整合遮挡油气藏；F—背斜油气藏。

图 7-9　地层油气藏及非地层油气藏示意图

（柳广弟，2009）

(1) 地层不整合遮挡油气藏

地层不整合遮挡油气藏位于不整合面之下的地层不整合遮挡圈闭及其油气藏，主要包括潜伏剥蚀凸起和潜伏剥蚀构造两类。

古潜山油气藏是不整合遮挡油气藏最重要的一类，属于潜伏剥蚀凸起油气藏，不少古潜山油气藏属于世界性的大油气田。古潜山是指被不整合埋藏于年轻沉积盖层之下的盆地基底的基岩凸起，包括古地形凸起（残丘）和古构造被剥蚀形成的具有一定构造形态的凸起[表 7-1(k)、(l)]。组成潜山的岩石可以是沉积岩，如石灰岩、白云岩、砂岩，还可以是火山岩、变质岩等。潜山经过较长时期的风化、剥蚀和地下水的循环作用后，次生孔隙和裂缝发育，具有良好的储集性质，被后来新的沉积层埋藏，这些基岩凸起被上覆不渗透地层所覆盖形成圈闭条件，油气聚集其中而形成古潜山油气藏，也可称为"古地貌"油气藏。

潜伏剥蚀构造油气藏是原来的古构造被剥蚀掉一部分，后来又被新的沉积岩层覆盖，不整合遮挡形成圈闭，油气聚集其中而成的。剥蚀的古构造形态有潜伏背斜和潜伏单斜等[表 7-1(m)]。

潜伏剥蚀构造油气藏与古潜山油气藏均位于不整合面之下，但其形成特点却存在较大的差异。潜伏剥蚀构造油气藏多发育在盆地边缘，储集层为沉积岩。油气主要来源于下倾方向的同期烃源岩系，也可以来自古油气藏被改造后重新聚集的油气。潜山油气藏主要以基岩为储集层，储集层可以是沉积岩，也可是岩浆岩或变质岩，储层基质孔隙不发育，靠后期改造次生孔隙形成储集能力，油气源主要来自上覆及侧向较新的烃源岩系，具有"新生古储"特征。

(2) 地层超覆油气藏

地壳的升降运动引起海水或湖水的进退，在地层剖面上引起地层"超覆"和"退覆"，地层超覆是指区域构造运动导致地层抬升剥蚀后，又发生地壳下沉，盆地再次接受沉积，当水体渐进时，沉积范围逐渐扩大，较新沉积层不断覆盖在不整合面上（图 7-10）。与老地层侵蚀面呈不整合接触，其上被不渗透地层覆盖，就形成了地层超覆圈闭[表 7-1(n)]。

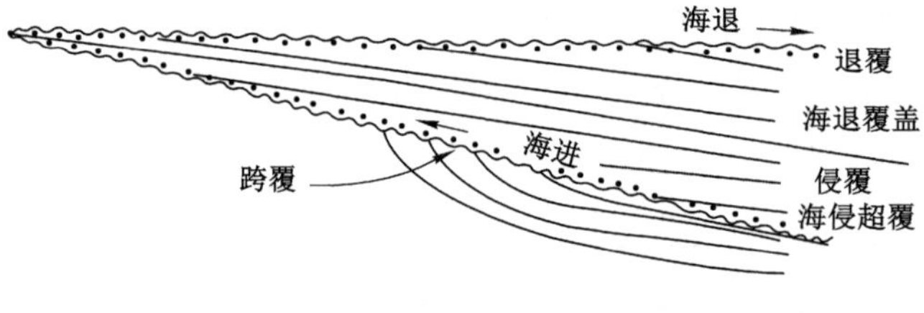

图 7-10　地层超覆和退覆

地层超覆和退覆是在水陆交替地带形成的，形成海侵（湖侵）海退（湖退）沉积旋回，常与浅海大陆架或大而深的湖泊的还原环境有联系，往往形成富含有机质的烃源岩层，油气生成后，就近运移至地层超覆圈闭中聚集起来，形成地层超覆油气藏。

四、岩性油气藏

岩性圈闭是指储集层岩性变化所形成的圈闭，其中聚集了油气就称为岩性油气藏。储集层岩性的纵横向变化主要是沉积环境的相变造成的，也有储集层成岩作用形成的。一般在砂泥岩地层中以岩性上倾尖灭和砂岩透镜体等形式的岩性圈闭出现，碳酸盐岩中主要是生物礁圈闭。

从圈闭成因上看，虽然岩性圈闭与地层圈闭都是沉积条件变化的结果，即由于岩性横向变化或纵向沉积连续性中断而形成圈闭条件，但是二者在形成地质条件及油气藏特征还是有很多差别，故将二者分开。

(1) 砂岩上倾尖灭和砂岩透镜体油气藏

在岩性变化大的砂泥岩沉积地层中，许多薄层砂、泥岩互相参差交错。有的层状砂岩体顶、底均为不渗透泥岩所限，在横向上渐变为不渗透泥岩，砂岩储集体呈楔状尖灭于泥岩中，形成砂岩尖灭体圈闭[表 7-1(o)]。有的砂岩体呈透镜状，周围均被不渗透层所限，则形成砂岩透镜体圈闭[表 7-1(p)]。砂岩储集体往往穿插和尖灭在泥岩烃源岩中，油气源充足，还能形成良好的储盖组合。

这两种岩性圈闭成因相似，是沉积环境变化引起砂泥岩岩性变化，因此岩性圈闭常常成群成组地出现，形成较大的多层系分布的岩性圈闭，勘探中若发现一个岩性油气藏，就可能在其附近找到更多类似的油气藏。岩性圈闭在单斜等非构造圈闭背景下发育，不受构造形态控制，且多以小型油气藏出现，因此这类油气藏在地震勘探中具有隐蔽性，地震资料识别风险性变高。

(2) 生物礁油气藏

生物礁是指由珊瑚、层孔虫、苔藓虫、藻类、古杯类等造礁生物组成的、原地埋藏的碳酸盐岩建造。生物礁圈闭是指由于礁组合中具有良好孔隙-渗透性的储集岩体被周围非渗透性岩层封闭而形成的圈闭[表 7-1(q)]。若其中聚有油气则形成生物礁油气藏。

生物礁发育受海底地形、海水性质及古气候条件等限制，而且总是和古海岸线有关，按照与海岸线位置分为堤礁、点礁、马蹄礁等类型。由于海水的进退，生物礁孔隙发育的礁核及礁前相可以分别被不渗透的盆地相页岩或礁后相的蒸发岩所覆盖，形成生物礁圈闭，并且具有良好的油气源条件。

生物礁块主体和前礁相是储集油气最为有利的相带，这两个带的储集条件好，生物礁本身原生孔隙和次生溶洞都很发育，易形成储量丰富的高产大油气田，并且生物礁很少是孤立的，它们总是成群成带地分布。生物礁油气藏或具有生物礁储层的油气藏在世界石油储量中占很重要的地位。在世界各地不同地质时代，自古生代志留纪至新生代中新世，都发现有生物礁油气藏。在地区分布上，中东波斯湾盆地、加拿大西部艾伯塔盆地、美国二叠盆地、俄罗斯乌拉尔山前坳陷、墨西哥湾盆地、利比亚锡尔特盆地以及印度尼西亚萨拉瓦蒂盆地等，都发现了储量丰富的产油气区。

五、复合油气藏

在实际油气勘探中发现，有些圈闭的形成不只受单一因素遮挡，而受多种因素共同控制。如果储集层上方和上倾方向由构造、地层、岩性和水动力等因素中的两种或两种以上因素共同封闭而形成的圈闭，可称之为复合圈闭。

事实上很少有受单一因素控制的油气藏，绝大多数油气藏往往都与构造、地层双重因素有关，如岩性油气藏也具有一定的构造背景。判断油气藏类型的关键是遮挡条件是否受单一因素控制，这里所讲的复合油气藏是指受两种因素共同遮挡来控制的圈闭边界和范围，不是一种因素控制的油气藏。复合油气藏的特征有别于单一因素形成的油气藏，故把复合油气藏作为独立的一大类，对油气勘探有一定的实用价值。

构造、地层、岩性等圈闭遮挡要素组合，可形成多种复合油气藏类型，但从勘探实践来看，大量出现的主要是构造-岩性、构造-地层等复合油气藏[表 7-1(r)、(s)]。水动力油气藏是一种特殊的复合油气藏，它是水动力作用下油气聚集在构造的挠曲部位而形成的[表 7-1(t)]。

第三节　非常规油气及其类型

一、非常规油气概念

形成常规油气藏的地质条件主要包括充足的油气源和有效的圈闭，油气在圈闭中的聚集符合重力分异原理，即在浮力作用下，天然气和石油聚集于圈闭的上部，形成上气(油)下水的常规分布。与常规油气成藏特征不同，用传统技术不能获得经济产量，需要用新技术改善储集层渗透率或流体黏度才能经济开采的连续型或准连续型油气聚集称为非常规油气藏。与常规油气藏相比，非常规油气藏的两个关键特征是：① 油气大面积连续分布，常表现为源储共生，圈闭界线与水动力效应不明显；② 无自然工业稳定产量，达西流特征不明显，需要采用新技术改造储集层才能获得经济产量。

非常规油气资源类型多样，目前研究及开发较多的主要包括致密油、致密气、页岩油、页岩气、煤层气、天然气水合物、重油、油砂、油页岩等(表 7-2)。

表 7-2　非常规油气资源分类(赵靖舟等，2013)

分类依据	类		种
相态	气态		致密气、煤层气、页岩气、水溶气
	液态		重油、致密油、页岩油
	固态		油砂、油页岩、天然气水合物
储集层类型	致密层	致密砂岩	致密砂岩油气
		致密碳酸盐岩	致密碳酸盐岩油气
	页岩		页岩油气、油页岩
	煤层		煤层气
油气分布	连续型		煤层气、页岩气、天然气水合物
	准连续型		大部分致密油气
	不连续型		大部分油砂、重油和少部分致密油气
储源关系	源内型		煤层气、页岩油气
	源外型		致密油气
成因	原生		煤层气、页岩油气、部分致密油气
	次生		大部分油砂和重油、部分致密油气

二、致密油气藏

狭义的致密油气藏是指赋存于致密砂岩中的油气聚集，包括致密砂岩油藏和致密砂岩气藏两种类型。

1. 致密砂岩油藏

致密砂岩油藏是指以吸附和游离状态夹在或紧邻优质烃源岩层系的致密砂岩中，未经过大规模长距离运移而形成的石油聚集。致密油藏的主要特点有：① 大面积源储共生，圈闭界线不明显；② 非达西渗流为主，短距离运移为主；③ 非浮力聚集，水动力效应不明显；④ 油水分布复杂，且油质较轻。

2. 致密砂岩气藏

致密砂岩气藏是赋存于致密砂岩中的天然气聚集，储集层渗透率小于 1 mD，一般无自然产能或低于工业气流下限，需要通过一定技术措施改造储集层才能产出具有经济价值的天然气。

致密砂岩气藏的主要特征包括：① 源藏伴生；② 气藏分布不受构造带控制；③ 异常地层压力；④ 浮力作用受限，以非达西渗流为主；⑤ 天然气资源丰度低，一般无自然产量或经济产量。

三、页岩油气藏

页岩油气是赋存于富含有机质的页岩地层中的油气，以吸附、游离和溶解状态为存在方式，为自生自储、大面积连续型油气聚集，是烃源岩中油气原地大规模滞留的结果。页岩油气不仅包括纯泥页岩中的油气，还包括赋存于泥页岩层系中的粉砂岩、碳酸盐岩等薄夹层中的油气。

1. 页岩油藏

页岩油是指主要储存于富有机质、纳米级孔径页岩地层中的石油。页岩既是石油的烃源岩，又是石油的储集岩。页岩油以吸附态和游离态形式存在，一般油质较轻、黏度较低。

页岩油在聚集机理、储集空间、流体特征、空间分布等方面与源储分离的常规石油和近源聚集的致密油具有明显差异，其成藏主要特征包括：① 源储一体，滞留聚集；② 富有机质；③ 发育纳米级孔-裂隙系统；④ 储层脆性指数较高；⑤ 地层压力大、油质轻；⑥ 大面积连续分布，资源潜力大。

2. 页岩气藏

页岩气是赋存于富有机质泥页岩及其夹层中，以吸附和游离状态为主要存在方式的非常规天然气聚集。主体为自生自储、大面积连续型天然气聚集，是烃源岩中天然气原地大规模滞留的结果，包括赋存于泥页岩和粉砂岩、碳酸盐岩薄夹层中的天然气。

页岩气藏的基本特点包括：① 源储一体，原地滞留；② 储集层致密，微裂缝发育；③ 以吸附和游离为主要赋存方式；④ 天然气大面积连续分布，无明显圈闭界线；⑤ 地层压力大，易于流动和开采；⑥ 无自然产能，需要大型压裂开采。

四、煤层气藏

煤层气是一种在煤化过程中生成并主要以吸附形式储集在煤层中的自生自储式非常规

天然气。煤层气的主要成分是甲烷，故又称为煤层甲烷，在我国煤炭工业中称作煤层瓦斯。

随着褐煤埋藏深度增加和地层温度上升，煤的变质程度不断提高，生成了大量的甲烷和其他气体，这一变质过程导致有机质不断脱氢、去氧、富碳。生成的气体类型取决于煤的变质程度(图 7-11)。

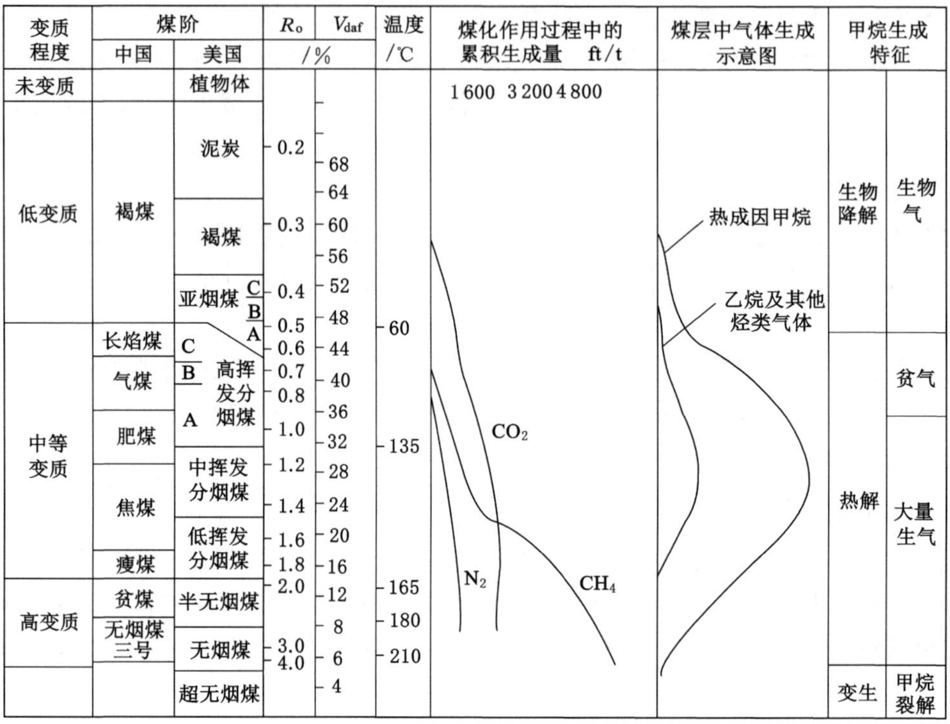

图 7-11 煤化作用阶段及气体生成

(Stach 等，1982；傅雪海等，2007)

煤层气的赋存不依赖于是否有圈闭存在，这与常规储集层中天然气的储集机理有本质上的区别。煤层气以甲烷为主，属于干气。煤层气的赋存状态包括吸附态、游离态和溶解态。煤层气自生自储，原地聚集，不发生明显运移。煤层既是气源岩，又是储集层。影响煤层气藏形成条件主要包括煤层厚度、含气性、渗透性、储层压力、封盖保存条件、水文地质条件。这些条件的有机结合，才能形成有利的煤层气藏。

五、天然气水合物

天然气水合物是一种天然气与水的类冰状固态化合物，俗称可燃冰，是在特定的低温和高压条件下，甲烷等气体分子天然地被封存在水分子的扩大晶格中，形成的冰态、结晶状笼形化合物。它是自然界中天然气存在的一种特殊形式，主要分布在一定水深的海底和永久冻土带。

天然气水合物的气体主要有三方面来源：一是沉积物中的有机质在细菌降解作用下产生的生物成因气；二是深部有机物或石油在热裂解作用下产生的热解成因气；三是由火山作用产生的无机成因气。

天然气水合物的成藏需要具备四个最基本条件：① 充足的天然气和水，天然气主要是生物成因气，其次来源于热成因气；② 较低的温度，一般低于 10 ℃；③ 较高的压力，一般压力要求大于 10 MPa；④ 有利的储集空间。

本章思考题

1. 何谓圈闭、油气藏？如何度量圈闭和油气藏？
2. 根据圈闭成因、烃类相态等，油气藏可划分为哪些类型？其主要特点是什么？
3. 构造油气藏包含哪些具体类型？它们有何主要特点？
4. 背斜圈闭及油气藏的成因类型和主要特点是什么？
5. 断层油气藏的主要类型有哪些？如何理解断层在油气藏形成中的双重作用？
6. 地层油气藏包含哪些具体类型？它们有何主要特点？
7. 不整合面在油气运移、聚集中起何作用？
8. 岩性油气藏包含哪些具体类型？它们有何主要特点？
9. 非常规油气包括哪些类型？它们有何主要特点？

第八章 油气运移与聚集成藏

石油和天然气都是流体，与固体矿产不同，其最大的特征就是具有运移性，油气从烃源岩层生成，通过各种途径运移到圈闭中，在圈闭中聚集形成油气藏，油气藏形成后在某些地质作用下会打破平衡，发生调整、破坏及再形成。油气藏的形成与分布是油气地质学的核心问题，阐明和掌握油气藏形成的基本原理，不仅具有科学的理论意义，而且对油气资源的勘探与开发有更重要的实际意义。

第一节 石油和天然气运移

油气从烃源岩排出及在储集层中的移动，就称为油气运移。油气运移贯穿于油气藏的形成、调整和破坏的整个过程。实际上，油气从烃源岩到储集层是一个漫长的地质过程，由于地层岩石的孔隙十分狭小，油气在其中的移动受到多种因素的限制，并不能像在输水管道中那样畅通无阻，因此是一个十分复杂的过程。

一、油气初次运移

初次运移是指油气在烃源岩中生成之后，烃类分子从干酪根中释放出来并被排出生油岩的过程，即从源岩层向储集层的运移过程。对于烃源岩来说，初次运移的过程就是烃源岩生成的油气排出的过程，所以也把油气的初次运移称为烃源岩的排烃(图 8-1)。

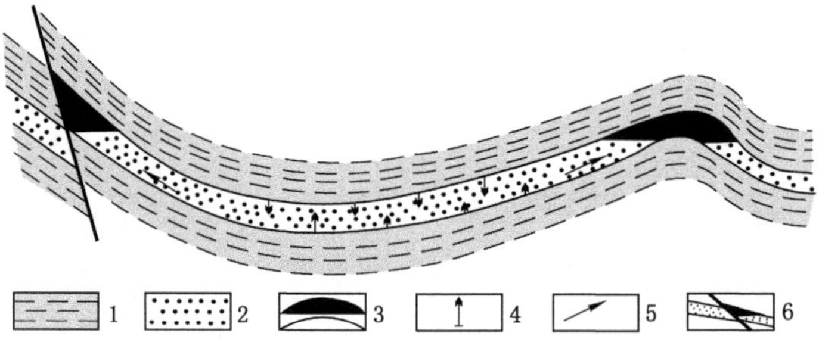

1—泥岩；2—砂岩；3—油气藏；4—初次运移方向；5—二次运移方向；6—断层遮挡。

图 8-1 油气的初次运移和二次运移

1. 油气初次运移的相态

油气运移有游离油相、气溶油相和油溶气相、水溶相运移、分子扩散状态运移等几种形式。

一般认为，石油以游离油相运移为初次运移的最重要的相态，天然气也可和石油一样，呈现出游离相的运移，尤其是在烃源岩大量生气阶段地层水较少时，有限的水不能溶解大量剩余的天然气，则必然以游离气相来初次运移。烃类气体和石油有着互溶性，在一定的地层压力条件下，石油可以溶于天然气中以气相形式运移，这叫气溶油相运移。凝析气田就是油溶于气中的证例。同样，天然气也可以溶解于石油中以油相形式运移，这叫油溶气相运移。水溶相运移指油气溶解在水中呈现真溶液或胶体溶液进行初次运移。石油溶解于水中是很困难的，天然气与石油有较大的差别，天然气可以溶于水，且有较高的溶解度，现代油气水溶相运移主要指天然气的运移。分子扩散状态运移，主要是指天然气的运移相态。由于扩散作用，相当于是一种分子热运动的结果，只要在地下存在浓度差，天然气就可以发生扩散作用，是以单个分子的形式进行的。处于高成熟生气阶段的烃源岩中，天然气的浓度较高于烃源岩外的浓度，则会以单个分子的形式发生扩散作用，发生初次运移。

石油与天然气初次运移相态的根本区别就在于：石油运移的相态比较单一，主要是游离油相和气溶油相，而水溶相和扩散相的重要性很小；天然气运移可以是水溶相、油溶相、气相和扩散相，而且每种相态在不同的阶段上都具有重要性。因此，天然气的运移在各个演化阶段上都远比石油活跃。这种特征决定了天然气勘探的时空领域比石油更广阔，同时也决定了天然气比石油更难以保存。

2. 油气初次运移的主要动力

在烃源岩中生成油气，要从烃源岩中运移出来，必须有驱动力的存在。一般认为，是烃源岩内部存在的剩余压力使得烃类从烃源岩层中排出，这里的剩余压力是指同一深度下岩层的实际压力超过了静水压力的部分，使得烃源岩内部和外部会形成剩余压力差，从而驱动烃源岩孔隙中的流体沿着较小的剩余压力方向运移。除此之外，在烃源岩内部的烃浓度和外部的烃浓度存在浓度差，这也是天然气初次运移的驱动力。

在烃源岩的不同演化阶段，主要排烃动力是不同的。总体来讲，中-浅层以压实作用为主要动力，中-深层以异常压力为主要动力。由于油气大量生成主要发生在中-深层，因此异常压力更显得重要。

3. 油气初次运移的通道、时期与有效排烃厚度

油气的初次运移通道主要由较大孔隙、微裂缝、微层理面、有机质或干酪根网络等组成。

初次运移的时期是指烃源岩从开始排烃到终止排烃的整个时期。受烃源岩成岩作用、有机质演化、油气运移相态及排烃等条件的制约，油气初次运移必定存在一个主要时期，即主运移期。

烃源岩中要在适定的厚度范围内才能有效地排烃，一部分也会残留在烃源岩中，特别是厚度很大的烃源岩层中。在烃源岩与储集层相邻的部位排烃效率较高，越靠近烃源岩中心部位效率越低，有的甚至不能排出而成为死烃，而那些能够生烃但不能有效排出烃的岩层就是无效的，把在烃源岩内能够有效排出的烃类的厚度叫作有效排烃厚度。

二、油气二次运移

二次运移为油气进入储集层之后的一切运移和聚集的过程。它包括油气在储集层或运

载层内部，沿着裂隙、断层、不整合面等通道的运移，以及已经聚集起来的油气，由于外界地质条件的变化引起的再次运移(图 8-1)。

油气二次运移与初次运移相比，介质条件发生了很大的变化，如储集层的孔隙空间变大，具有良好的孔隙性和渗透性，毛细管压力相对较小，自由水较多，一般较相邻烃源岩的温度、压力低，因此二次运移与初次运移存在许多差异。

1. 油气二次运移的相态和力

石油在二次运移过程当中主要呈游离相态，因为储集层是二次运移的主要载体，空间比初次运移的空间都大，且一般是充满水，但石油难溶于水，溶解度极低，所以一般认为主要呈现游离油相。天然气与石油相比，有水溶性以及扩散性，还能溶于油，所以天然气在储集层当中既可以呈水溶相态运移以及油溶相运移，也可以呈游离相态运移，还可以呈分子扩散状态运移。

油气二次运移的力包括浮力和重力、毛细管力、水动力。浮力和重力是油气二次运移过程中的主要动力，由于水的密度比石油和天然气的密度都大，在充水的储集层当中，浮力和重力的合力垂直向上；毛细管力是油气二次运移的主要阻力，特别是当储集岩孔隙空间中的油滴在通过相对狭窄的孔隙喉道时，需更大的动力才能通过(图 8-2)；储集层内是充满水的，水的流动会产生水动力，油气进入储集层(或运载层)后与水共同构成孔隙流体，水的流动必然对油气产生影响，特别是对于水溶相的油气，水动力是重要的运移动力。应该说，在地层条件下油气的运移是水动力、浮力、毛细管阻力共同作用的结果(图 8-3)。

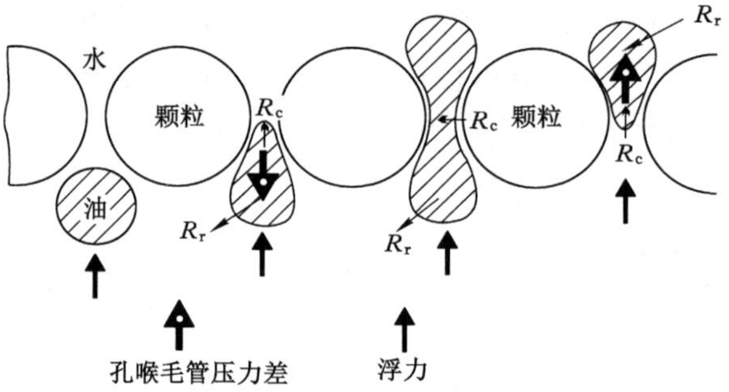

R_c—喉道半径；R_r—孔隙半径。

图 8-2　油气在储集层中运移微观特征

(Berg 等，1999)

2. 油气二次运移的通道、方向和距离

油气二次运移是通过地下岩石中的孔隙空间进行的，这些孔隙空间包括孔隙、裂缝和孔洞，这些具有渗透性的地层称为输导层。常见的输导层主要有碎屑岩以及裂缝型、孔隙型和溶蚀型的碳酸盐岩层等(图 8-4)。此外还包括一些大型的输导体，如断层和不整合面等(图 8-5)，对油气二次运移也起到重要作用。断层和不整合面是主要的疏导通道，但是具有双重作用，有时起封闭作用，应该根据地质情况具体分析。

断层起到运移作用有着两种方式：一种是横穿断层面的运移，这取决断层上下盘的岩性

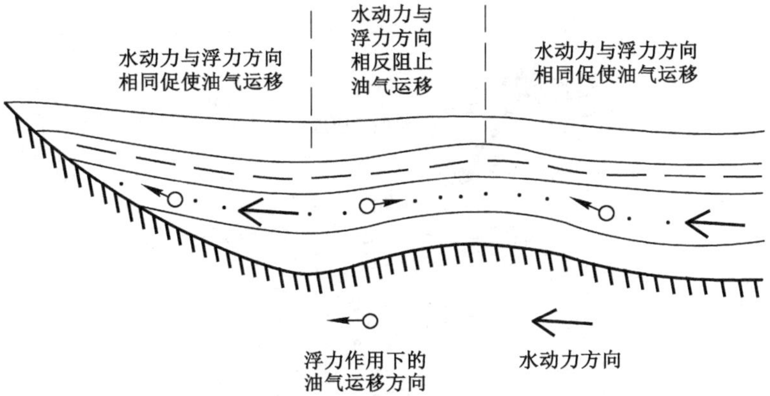

图 8-3　水动力与浮力的配合对油气二次运移的影响

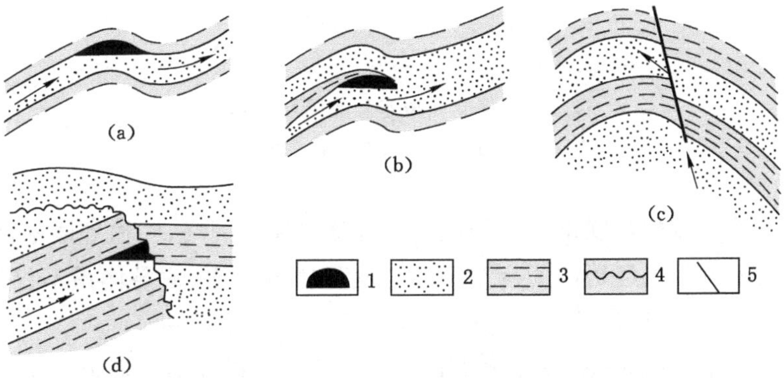

1—油藏；2—输导层；3—泥岩盖层；4—不整合面；5—断裂。

图 8-4　油气二次运移输导层与断层

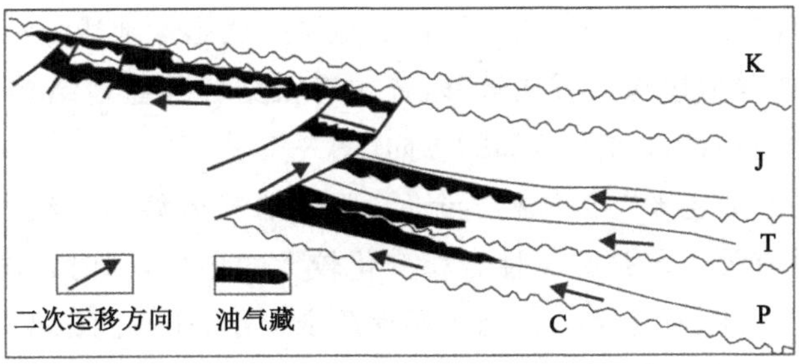

图 8-5　准噶尔盆地西北缘以不整合面为运移通道的油气运移示意图

对接情况，若是砂岩对砂岩就可以发生；另一种是沿着断层面的运移(图 8-6)。但是一些断层又具有封闭性，可以作为油气的封闭条件。断层型的油气藏存在，是断层具有封闭性的直接证据，所以断层在油气藏形成中具有通道作用和封闭作用等双重性质，至于起到封闭还是通道的作用，根据具体地质情况分析，一般与断层的规模、性质、断层断穿地层的岩性组合以及断层的活动历史等有关。

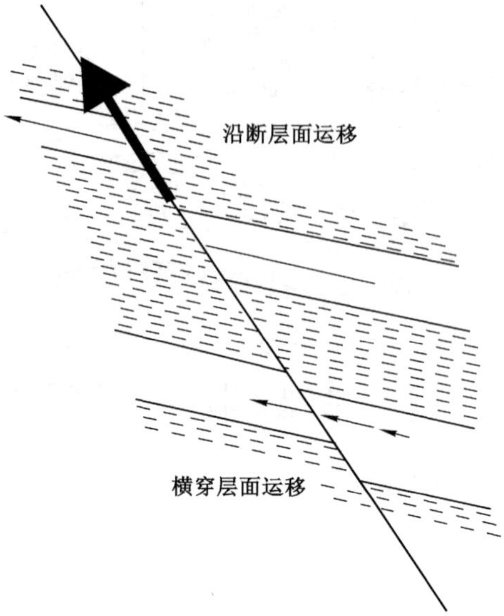

图 8-6　横穿断层运移和沿断层运移

(Chapman,1982;李明诚,2004)

多种油气运移通道相互联络组合构成油气运移的通道网络,叫输导体系,包括了油气从烃源岩运移到圈闭过程中经历的所有路径。与运移通道相比,输导体系不仅包括油气运移的各种路径,更加强调各种运载层之间的配置关系。

油气的二次运移的方向和距离主要受到盆地地质条件以及运移通道类型及分布的控制。从本质上讲,油气二次运移方向主要受运移动力控制,如运移过程中的浮力、重力、剩余压力以及毛细管力等,这些不同的作用力与各种地质因素相配合,共同影响着油气运移的方向。区域构造格局与地层产状是控制油气运移方向的主要因素,优势运移通道控制油气运移方向。

对于一个正在沉降的沉积盆地,同一层位的地层一般是盆地边缘埋藏较浅、盆地中心埋藏较深,即盆地中心向盆地边缘的方向运移,普拉奇根据各种盆地结构和形状的研究,总结了几种不同形状的盆地中油气二次运移的方向(图 8-7)。

油气二次运移的距离主要与区域构造条件、驱使油气运移的驱动力条件、岩性变化、岩相的变化等地质条件有关。若是在岩性岩相变化较大的地方,同时还缺乏一些合适运移通道的地区,油气不可能长距离运移。若储集层性质变化小,连通性比较好,还有不整合面、断裂带等合适的运移通道,具备油气运移的驱动力条件,在这种情况下,油气有可能进行长距离的运移。我国的含油气盆地具有多构造旋回、分割性强、多属陆相地层、岩性岩相变化大等特点。二次运移的距离一般不大,根据圈闭到烃源岩区的距离估计一般在几千米至几十千米,基本都在五十千米以内。

3. 油气二次运移时期

油气的二次运移和油气的初次运移是一个连续的过程,在生排烃的同时也发生着二次运移,但是大规模的二次运移时期主要是在生油期之后的构造运动期。由于构造运动会破

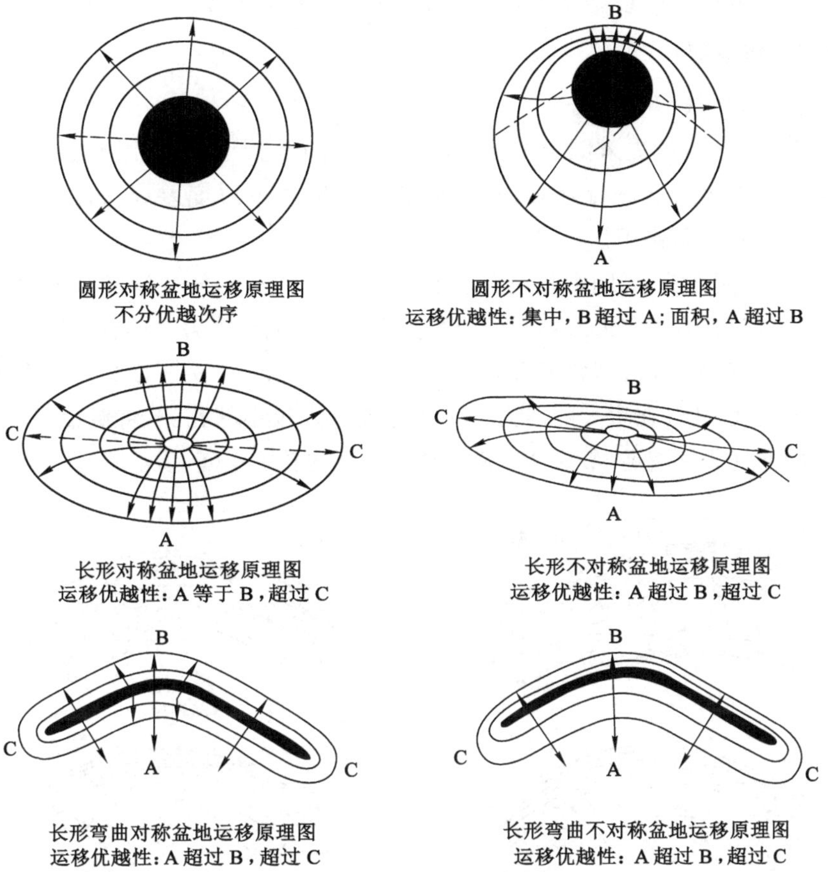

图 8-7　盆地的构造格局与油气运移方向

(Pratsch，1983)

坏地层的原始产状，使其发生倾斜或者褶皱以及断裂，已经进入储集层的油气，在浮力、水动力的作用下，使得油气向流体势变小的方向发生大规模的运移，遇到圈闭即聚集在圈闭当中，若油气聚集之后又发生第二次、第三次的构造运动，则每一次构造运动都会对油气运移和聚集产生影响，影响范围与构造运动对圈闭的破坏程度、改造程度有关。对原有圈闭破坏不大的构造运动，对油气的运移影响也不大，不会引起大规模的二次运移，若是构造运动对原有的圈闭产生较大的影响，破坏程度较大时，油气也会因此发生新的区域性大规模运移。所以要研究油气二次运移的时期，就要先对该地区的构造运动演化历史进行深入研究。

第二节　油气聚集与油气藏的形成

运移的油气遇到圈闭，就会在圈闭中聚集形成油气藏，油气在圈闭中积聚形成油气藏的过程称为油气聚集。在油气进入圈闭之前，圈闭中是充满了水的，进入圈闭后，由于油、气、水的密度不同，在单个圈闭中会发生重力分异，而在一系列溢出点依次抬高的连通圈闭中，则会形成油气的差异聚集现象。已经形成的油气藏，在某些地质作用下会发生再次运移，使原有油气藏破坏，同时也可能形成新的油气藏，即油气藏再形成。

一、油气聚集成藏

1. 圈闭中油气的充注与混合

充注过程是油气持续进入圈闭中储集层储集起来的过程，油气主要是在势差或压差作用下的浮力-水动力机制下进行聚集，对低分子的天然气在浓度差或盐度差作用下的渗透力-扩散力机制也起重要作用。

在油气进入圈闭之前，圈闭中是充满了水的，油气充注过程发生渗滤和排替，由于储集层的孔隙大小不一，造成油气在进入不同孔径的孔隙时受的毛细管力大小有差异，油气首先选择毛细管阻力小的大孔隙，以树枝状进入储集层(图 8-8)；随着油气的不断充注进圈闭当中，烃柱随之增高，浮力加大，油气在增大的浮力作用下逐渐进入较小的孔隙，将储集层中的地层水排出，如果充注的油气非常充足，最后会充满整个储集层的孔隙空间。

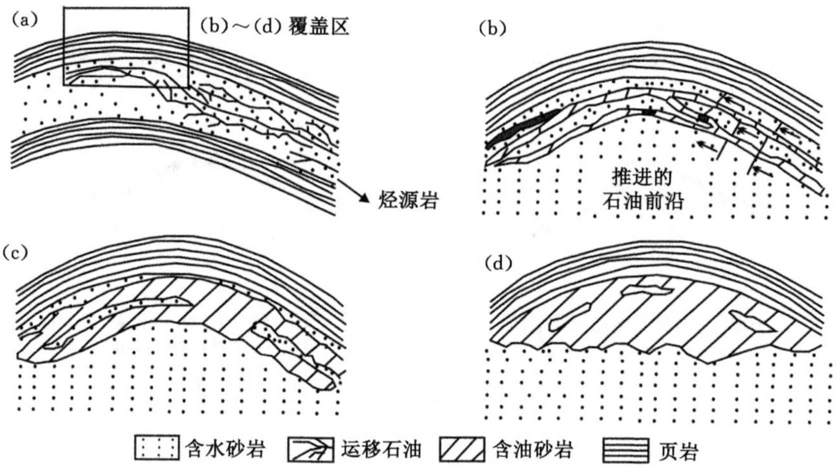

图 8-8　油气向圈闭充注过程示意图

(England 等，1987)

储集层的非均质性，导致了圈闭中油气的组成和性质在纵向以及横向上的非均一性，主要表现在油气组分和密度上的差异。油气在密度差(重力)和浓度差驱动下进行混合。如果圈闭既充注油又充注了气，油气在圈闭中最终建立起由重力分异作用形成的浓度梯度(图 8-9)。

从时间上看，油气聚集有充注和混合两个过程，但实际上是连续进行的，很难将两个过程截然分开。作用的结果是油-水界面或油-气界面不断从圈闭顶部下移，直至达到圈闭的溢出点为止；同时油气逐渐从高孔渗部分向低孔渗部分充注，含油饱和度增大，直至达到束缚水饱和度为止。

2. 油气的差异聚集

一般情况下，油气在盆地内深坳陷中生成后沿上倾方向向周围高处的圈闭中运移，由于天然气比石油在岩石的孔隙介质中更易流动，出现石油分布在盆地较低的构造，而天然气分布在盆地边缘的构造，这被认为是一种正常分布模式。但是在世界上许多盆地中，在一系列

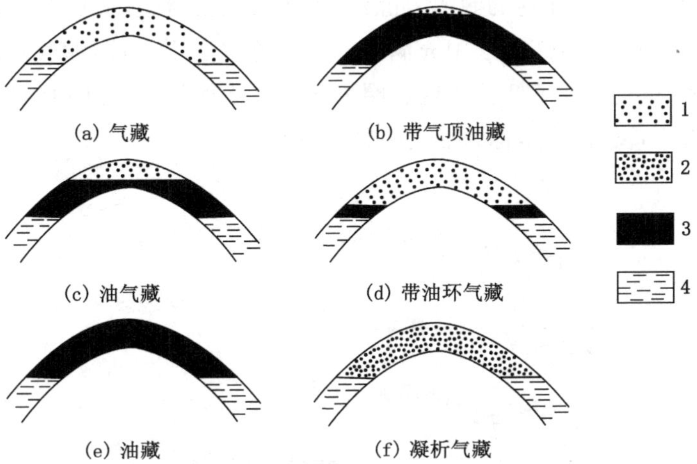

1—天然气；2—凝析气；3—石油；4—地层水。

图 8-9　油气在背斜圈闭中的产状

的连通圈闭内，低处的构造圈闭充满着天然气，高处的圈闭充满着石油，更高处位置的圈闭只有水，没有油气。

单一圈闭在静水压力条件下，若油气不断进入圈闭当中聚集，那这个聚集活动会发生以下三个过程：① 初期是圈闭中聚集油气，而原本存在于圈闭中的水被油气排出一部分，由于重力分异作用，气体分布在圈闭的顶部，油在圈闭的中部，水在下部，油气并没有充满整个圈闭。② 油气持续进入圈闭当中后，更多的水被排出，油水界面降到溢出点，如果油气继续增多，一部分石油将会从溢出点排出，沿着上倾方向运移。③ 随着烃源岩热演化程度增加，会生成干气，持续向圈闭充注，天然气在圈闭顶部聚集，把石油挤向溢出点，石油不断被排出圈闭，当天然气占据整个圈闭时，圈闭中的石油将全部被排出，整个圈闭被天然气充满(图 8-10)。

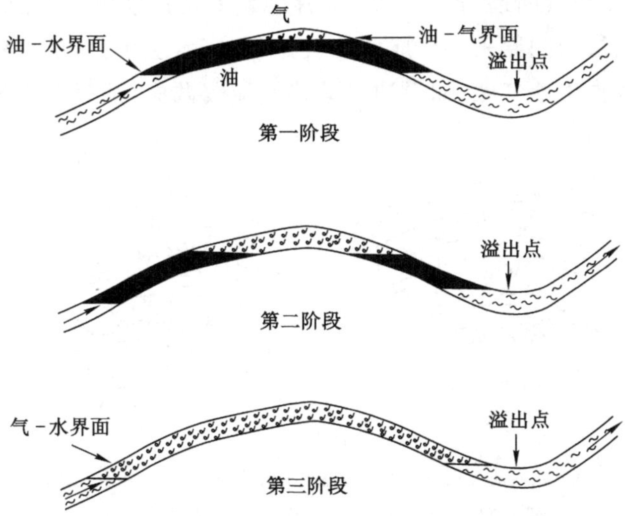

图 8-10　油气在单一背斜圈闭中的聚集过程

如果盆地中存在一系列相连的圈闭，且溢出点海拔依次增高，来自下倾方向的油气充足，源源不断地向上倾方向运移，储集层中充满水并处于静水压力条件，油气则发生如图 8-11 所示的运移充注过程，这就解释了低处的构造圈闭充满着天然气，高处的圈闭充满着石油，更高处位置的圈闭只有水，没有油气，称为油气差异聚集原理。

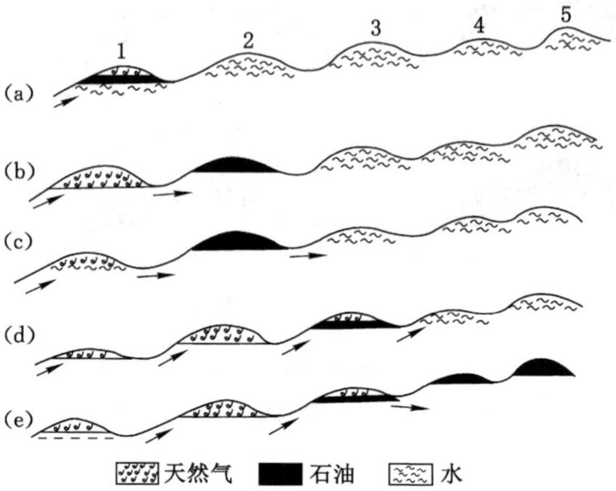

图 8-11　在相连通的一系列圈闭中油气差异聚集情况示意图

二、油气藏的破坏及再形成

油气在圈闭中聚集形成油气藏，达到一种平衡，保存至今就成为油气勘探对象，但是也存在油气藏遭到破坏的情况，即原来已形成的油气藏，由于所处地质环境的变化而使其中的油气部分或全部散失，或变成稠油沥青的过程。油气藏发生破坏的主要因素有地质构造作用、水动力、热蚀变和生物降解等。

地质构造作用是引起油气藏破坏的最常见因素，油气藏形成后，在漫长的地质过程中可能受到构造运动影响，形成断裂、抬升剥蚀、挤压掀斜等构造现象。对油气圈闭造成破坏，影响油气藏的保存。断层切割原来已形成的油气藏，破坏盖层条件，油气沿着断层向上运移，进入其他储集层形成次生油气藏，如果油气运移至地表散失，油气藏平衡被打破，遭到部分或全部破坏（图 8-12）。

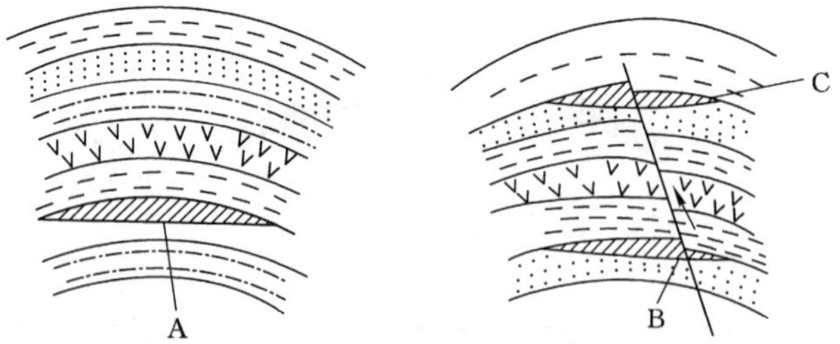

A—原生油气藏；B—被断层破坏的油气藏；C—次生油气藏。

图 8-12　原生油气藏与次生油气藏形成模式

（张厚福等，1999）

油气藏的盖层对油气起封闭作用，但是对封闭性能差些的盖层，烃类会在油气藏压力下，通过盖层的孔隙或者微裂缝发生渗漏作用。任何盖层都有孔隙或者微裂缝，随着埋藏时间增加，也会发生渗漏。相对分子质量较低的烃类，以分子状态通过盖层发生扩散作用，天然气扩散流失，最终使油气藏遭受破坏。一个油气藏自形成后由于渗漏和扩散作用而最终消亡的时间称为油气藏的自然寿命。李明诚的研究结果表明，一个大中型油藏的平均自然寿命为 120 Ma，而一个大中型气藏的平均自然寿命为 70 Ma。

油气藏被破坏之后，油气可以再次运移，遇到合适的圈闭将再次聚集起来，这种由于原来的油气藏遭到破坏油气发生再次运移和再次聚集形成的新的油气藏，称为次生油气藏（图 8-12）。

有的油气也会运移到地表，即形成所谓的“油气苗”，因此油气苗是油气藏被破坏之后在地表形成的油气显示，是油气勘探的直接标志。另外一种油苗是含油砂岩，或称油砂，油砂矿也是一种重要的非常规石油资源。运移到地表的液态石油或经过各种次生变化的石油可以形成固体石油沥青。

三、油气藏形成时间

油气成藏时期是油气地质的重要理论问题，确定油气藏的形成时间，对油气勘探具有重要的实际意义，如果能确定一个地区油气藏是在哪一个时期形成的，那在这个时期之前形成的圈闭对油气聚集有利，在这个时期之后形成的圈闭对油气的聚集不利。目前有多种方法确定油气藏的形成时间，包括传统的地质方法，如圈闭形成期法、生排烃期法、油藏饱和压力法等，也包括流体历史分析法，如流体包裹体、自生矿物定年等技术，为油气藏演化史分析提供多方面证据。

1. 根据圈闭发育史确定油气藏形成时间

油气藏的形成，是在圈闭形成之后，油气在圈闭中聚集的结果，只有先形成圈闭，之后才能聚集，油气藏形成的时间绝不会早于圈闭的形成时间，所以可以根据圈闭的形成时间来确定油气藏形成的最早时间。

根据地层剖面中圈闭的类型、地层接触关系、断层的分布以及构造的形态之间的关系，可以确定圈闭形成的先后顺序和相对时间。一般地层圈闭和岩性圈闭形成的时间比较容易确定。岩性圈闭和地层超覆圈闭是在储集层形成不久、盖层具有封闭性的时候就开始形成了，地层不整合圈闭是在不整合面以上的地层具有封闭条件的时候形成的，但构造圈闭形成的时间则比较复杂，一般用宝塔图或圈闭演化史来恢复。如图 8-13 所示，其地质发展史表明，a～b 地层沉积后，岩性圈闭 1 形成，后发生区域构造运用，形成断层和区域不整合，形成断层遮挡圈闭 2 和不整合遮挡圈闭 3，之后沉积上覆地层 c～e，形成砂岩透镜体岩性圈闭 4，最后发生区域性构造运动，构造圈闭 5～7 形成。从油气聚集看，1～3 圈闭形成在区域构造运动前，形成时间相对早，4～7 圈闭是发生区域构造运动后形成的，时间相对较晚。以上判断的是圈闭形成的相对年龄，至于绝对年龄，则需要根据区域古构造、岩相古地理和绝对年龄测定方面的研究才能确定。

2. 根据烃源岩生排烃期确定油气藏形成时间

油气藏的形成，是油气生成、运移、聚集的结果，若是没有油气生成并排出烃源岩，汇聚

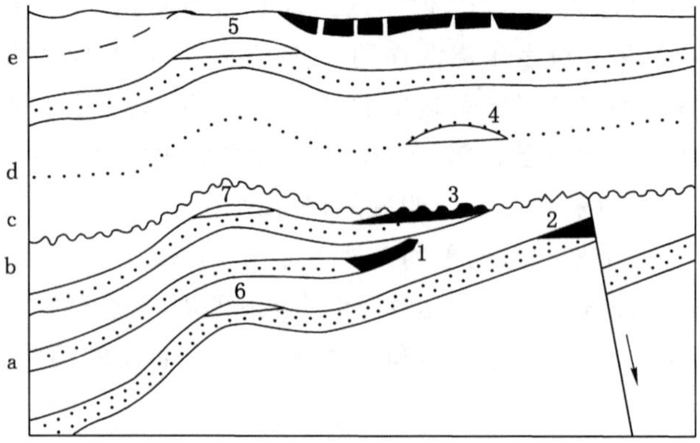

1～7—圈闭形成顺序；5～7—同时形成；a～e—地层由早到晚。

图 8-13　圈闭形成的相对时间

（柳广弟，2009）

到储集层中，也就不会形成油气藏。油气的生成、排出、运聚成藏是一个连续的过程，所以在油气从烃源岩中生成且排出时期，油气藏就已经开始形成。烃源岩中油气开始生成且排出，是油气藏形成的最早时间。

盆地烃源岩生排烃历史的研究，主要是采用盆地模式的方法，在烃源岩埋藏历史的基础上，分析烃源岩热演化历史，模拟生烃史及排烃史。

3. 流体历史分析

流体包裹体是在矿物生长过程当中被包裹在矿物晶格的缺陷或窝穴中的成矿流体，油气包裹体是油气在储集层中运移、汇聚的过程当中被储集层中成岩矿物所包裹形成的，在油气储集层中广泛分布。储集层中油气包裹体的存在，反映了在地质历史时期储集层的油气充注事件，可以根据油气包裹体在成岩序列中的形成序次，并用包裹体的均一温度来确定油气充注时成岩温度，进而与储层埋藏史和古地温史相结合，来确定油气充注时期。

储集层自生伊利石同位素测年方法主要针对砂岩储层油气藏成藏时间，储集层中的自生伊利石是在富钾的孔隙水环境中形成的，当油气充注成藏后，储集层孔隙水环境改变，伊利石即停止生长，因此伊利石形成的最小年龄即为油气成藏时期。储层中自生伊利石的年龄可以通过 K-Ar 同位素来测量，而烃类充注时间应略晚于自生伊利石的同位素年龄。

应该说明的是，油气成藏期次和成藏时间应该尽可能多地利用各种不同的资料以及方法来进行综合分析，才能获得更合理的认识。对一个油气藏进行成藏期研究时，区域油气生成史（生烃史）及构造演化史是基础，流体包裹体分析、自生伊利石同位素测年、油藏饱和压力分析等方法应在此基础上进行，否则容易得出错误结论。

四、三场与油气藏形成

“三场”是指地温场、地压场、地应力场，是地球内能以不同形式在地壳上的表现。油气藏勘探及开采实践证明，三场在油气生成、运移、聚集、保存以及开采过程中都起着重要的作用。研究地温和地压在油气生成及运移成藏全过程中的作用，具有重要的理论和实践意义。

1. 地温场

地温场在油气生成和演化过程中具有重要作用，在影响有机质演化和油气生成的诸因素中，温度居首要地位。一般说来，地温梯度高，有利于烃源岩中的有机质向油气转化，只有达到门限温度，有机质才开始大量生烃。因此，地温梯度高的“热盆(地)”有机质埋藏相对较浅，热演化即达到成熟生烃，而一个地温梯度低的“冷盆”，则需要较深的埋藏深度才能达到生烃门限。随着向深层勘探，在到达一定深度后，很难发现石油，多以气藏和凝析气藏为主，这也是深层地温高、有机质热演化达到高热演化阶段的结果。

2. 地压场

储集层孔隙中的各种流体总是处于一定的压力之下，这种作用于地层孔隙所含流体的压力，称为地层压力或流体压力，对油、气藏而言，则可分别称为油层压力或气层压力。

在封闭的高温-高压系统内，异常高压对有机质的成熟有明显的减缓甚至抑制效应。这是因为升压会使干酪根的化学键更加稳定而不易断裂，升压还会使干酪根分子与烃源岩矿物结合得更加牢固而不易降解。在深部存在液态石油最重要的原因是较高的压力抑制了有机质的成熟作用，扩大了液态窗的深度区间。

对油气运移而言，压力还是促使流体运移的主要外界动力。在沉积盆地内，由静水压力和岩石压力组成的上覆地层的地静压力，能够促使流体从高势区流向低势区，即从盆地沉降中心流向边缘，从深层流向浅层。

3. 地应力场

应力场对油气的运移影响较大，直接影响表现在构造应力可以使岩层变形和变位，岩层的变形可以引起流体势场和压力系统的变化，使油气发生运移；间接影响表现在构造应力作用可以形成油气运移通道，如断层、裂缝和不整合面等，改善储层渗透性。构造应力能促使油气发生运移，是油气运移的直接动力。前面章节已经叙及，构造应力是二次运移的直接驱动力。构造应力使岩石发生应变，使岩石骨架压缩，岩石颗粒和孔隙变形，这一变形过程必然会把作用力传递给孔隙中的流体，使其压力升高，形成高势区，驱使油气向低势区运移；当构造应力有变化时，由于岩石骨架压缩和回弹造成流体压力升高或降低，从而产生应力泵作用，这也是油气二次运移的重要机制和动力。

总之，随着埋藏深度加大，地下温度和压力增高，会改变地下石油和天然气的性质及相态，因此温度和压力对油气聚集的影响可以明显地在流体性质上反映出来。绝大多数油气藏都分布在沉积岩发育区，但是在沉积岩厚度薄、埋藏较浅的地区，地层温度和压力都太小，即使具备烃源岩，也由于未达到成熟阶段，很难生成大量石油。只有在沉积岩系厚度较大、埋藏较深的区域，即使盆地发育面积不大，有机质热演化也可达到成熟阶段，生成大量油气。所以，沉积岩系厚度大、埋藏深的大型沉积盆地，往往是大油气田集中分布的区域，其原理在于三场的控油气作用。

第三节　油气藏的形成条件

含油气盆地要形成油气藏需要具有烃源层、储集层、盖层和圈闭等基本的油气成藏要素。同时，烃源岩生成的油气还要发生运移、聚集等过程，盆地能否形成油气藏，还要取决于上述各种成藏要素在时间和空间配置中的关系。因此，各成藏条件的优劣及其相互匹配关系对油气藏的形成和油气富集起重要的作用。这些要素可归结为四个基本条件，即充足的油气来源、有利的生储盖组合、有效的圈闭和良好的保存条件。

一、充足的油气来源

油气补给来源是油气藏形成的物质基础和首要条件，如果一个沉积盆地不发育烃源岩，其他的油气地质条件再好也没有意义，油气资源丰富的盆地都有充足的油气来源，因此盆地是否发育烃源岩是进行油气勘探首先要明确的问题。

油气来源是否丰富受盆地内烃源岩发育程度控制，主要表现为烃源岩的质量和规模，烃源岩的质量包括有机质的丰度、类型和热演化程度，烃源岩的规模主要指烃源岩的体积。有机质丰度决定单位体积内烃源岩的生烃潜力，烃源岩有机质的类型及热演化程度，决定了盆地是富油还是富气区，腐植型烃源岩发育盆地一般富气，腐泥型烃源岩发育盆地一般富油，烃源岩高热演化盆地一般富气。烃源岩分布面积大、质量好的盆地，一般油气源充足。也应该注意到，某些盆地尽管面积较小，但沉积岩厚度大，圈闭的有效容积大，烃源岩总厚度大，油气源也很充足。可以用生烃强度定量表示一个含油气盆地烃源岩累计厚度、源岩的有机质丰度、母质类型和演化程度。

二、有利的生储盖组合

生储盖组合是指烃源岩层、储集层以及盖层在时间和空间上的配置关系，有利的生储盖组合是指烃源岩层中生成的丰富油气能及时地运移到良好储集层中，同时盖层的质量和厚度又能保证运移至储集层中的油气不会逸散。有利的生储盖组合是含油气盆地形成丰富油气聚集的条件之一。

按照时空上相互配置关系，生储盖组合划分为四类：① 正常式生储盖组合，是指在地层剖面上，烃源岩位于最下部，储集层位于中部，盖层位于上部，这种组合方式是许多油田最主要的组合方式；② 侧变式生储盖组合，是由于岩相和岩性在横向上的变化，导致烃源岩与储集层在侧向上的接触，一般在古隆起斜坡上或者在生油凹陷斜坡带发育；③ 顶生式生储盖组合，是烃源岩层与盖层为同一层，而储集层位于烃源岩层下方，油气从烃源岩层垂直运移向下方的储集层中；④ 自生自储自盖式生储盖组合，泥岩中的砂岩透镜体储油、泥岩中的裂缝发育段储油、石灰岩中局部裂缝发育段储油都属于这种类型的组合，这种组合方式最大的特点就是烃源岩层、储集层、盖层都属于同一层（图 8-14）。

从油气聚集效率来看，烃源岩层与储集层频繁互层，接触面积广泛，使得烃源岩中生成的油气可以及时地向储集层中输送，有利于油气的运移和富集，当储集层中有背斜存在时，则油气可从四周向背斜中聚集，形成丰富的油气藏（图 8-15）。单纯块状砂岩发育或单纯块状泥页岩发育的地区，对石油聚集都不利。

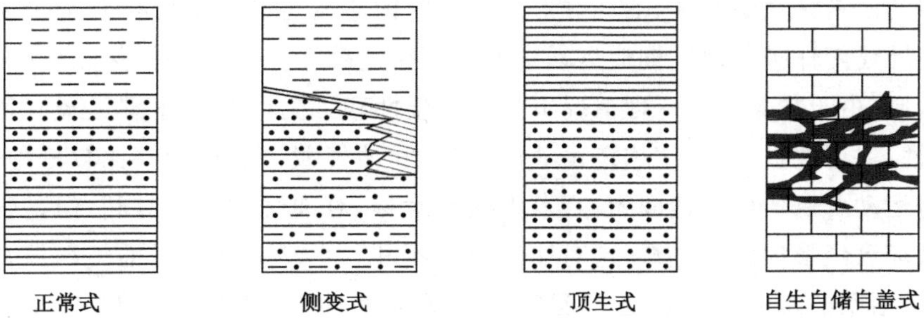

图 8-14　生储盖组合类型示意图

（张厚福等，1999）

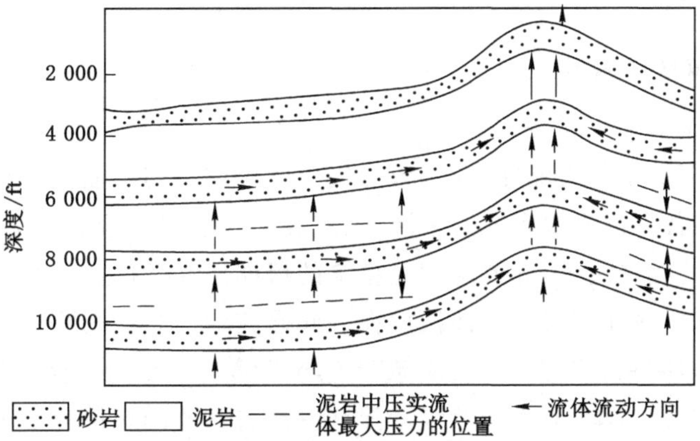

图 8-15　烃源岩层与储集层互层组合下油气初次运移和聚集示意图

（张厚福等，1999）

三、有效的圈闭

圈闭是储存油气的“容器”，但是在具有油气来源的前提条件下，并非盆地内的所有圈闭都聚集有油气，有的圈闭只含有水，甚至油气来源较好的盆地，都有空圈闭的存在，能构造有效地聚集油气的圈闭才有价值，称为有效圈闭。在烃源岩发育的情况下，决定圈闭有效性的因素主要有圈闭与油源区的距离、圈闭与油气主要运移方向的关系、圈闭形成时间与油气运移时期的关系等。

一般情况下，距离油源区越近的圈闭，越有利于油气聚集，圈闭的有效性越高；反之，圈闭的有效性越差，这叫“源控论”，已经成为油气勘探的重要指导理论。在油气运移的主要方向，特别是沿着优势运移通道方向分布的圈闭，更容易充注油气，圈闭的有效性高。只有在油气运移期或运移期之前形成的圈闭才能聚集油气，圈闭才是有效的，在油气运移之后形成的圈闭对油气聚集是无效的。

四、良好的保存条件

油气藏形成后还可能被破坏，只有能够保存至今不被破坏的油气藏，才具有勘探价值。

油气藏形成后能否被保存下来，取决于油气藏形成以后遭受后期调整和改造破坏的程度，这主要与盆地的区域性盖层条件、油气藏形成以后的构造运动强度以及水动力的条件有关。

良好盖层还能保护盆地在构造运动中油气藏免遭破坏。如果一个盆地的区域性盖层为厚层的膏盐层，由于盐膏岩在深埋情况下具有可塑性和可流动性，在构造运动中不易发生断裂，且孔隙性、渗透性极差，即使构造运动比较强烈，油气藏一般也能够比较好地保存下来。适度的构造运动可以形成构造圈闭，且发生油气运移，对油气的聚集有利，但是强烈的构造运动却会破坏已经形成的油气藏，这对油气保存不利。水动力环境对油气藏保存有着至关重要的影响，活跃的水动力环境会把圈闭当中的油气冲出，破坏油气藏，对油气藏的保存不利。

第四节　天然气与凝析气成藏

一、天然气成藏的特殊性

1. 天然气与石油成藏的差异

天然气与石油都属于烃类流体矿藏，天然气藏的形成机理与油藏具有相似性，无论是气藏还是油藏，其形成首先都需要有烃类来源，油气在具有孔隙性和渗透性的输导层中运移，经过由分散到富集的运聚过程，并要求相对稳定的后期保存条件。因此，早期在研究油气藏的形成和保存条件时，往往将气藏与油藏放在一起研究，统称“油气藏”。但是实际上天然气与石油还存在有很多差别，传统的石油成藏理论与天然气成藏理论存在较大差异(表 8-1)，发展为单独的天然气地质学，对于天然气勘探开发具有重要的理论和实用价值。

表 8-1　气藏与油藏形成及保存条件的对比(蒋有录等，2006)

对比内容	天然气藏	油藏
烃类来源	具多源、多阶段性，既有有机气体，又有无机气体。在不同演化阶段都有天然气生成	来自腐泥、腐植-腐泥型有机质，主要生成于生油窗
储集层、盖层条件	对储集层要求低、对盖层要求高，盖层封闭机理多样，烃浓度封闭可起重要作用	对储集层要求高，对盖层要求较天然气藏低，盖层封闭机理主要为物性封闭
运移方式	易于运移且方式多样——渗滤、脉冲式混相涌流、扩散、水溶对流，其中扩散和水溶对流为重要运移机制	主要是渗滤和脉冲式混相涌流
聚集机理	多样：游离天然气直接排替地层水成藏；已聚集石油的圈闭被天然气驱替成藏；水溶气脱溶成藏；富含气的地层水可形成水溶气藏	较单一：游离相石油排替地层水聚集成藏
演化和保存条件	易于散失，扩散损失比例高，气藏始终处于聚和散的动平衡中，聚集效率低	主要为渗滤损失，扩散损失比例低，聚集效率相对较高

2. 天然气的多种赋存状态

地壳中的天然气存在多种相态，包括游离态、溶解态、吸附态、固态气水合物等，这是与石油重要的区别。

游离气：是指在储集层的孔隙中气体以游离的分子状态存在，一般圈闭中单独存在的天然气聚集即以游离相态存在，从分布上看仍是单纯的天然气藏，尤其是大型、特大型气藏多为游离态存在的天然气。

溶解气：包括油溶气和水溶气。油溶气指在石油中溶解的天然气，一般油藏的石油中总是溶解有数量不等的天然气，每一吨石油中溶解的天然气数量多者可达数百至上千立方米，少者也有几到几十立方米；水溶气指溶解在地下水中的天然气，石油难溶于水，在地下的运移主要是呈游离相态，而天然气溶解于地层水中，溶解度可以达到 3～4 m^3/m^3。因此天然气从烃源岩中排出之后，一般都是以溶于水的状态存在，当水对天然气的溶解达到饱和时，天然气才以游离的相态存在，水溶气是天然气运移的特色。水溶气脱溶成藏是天然气成藏的一大特点。在地层抬升、含气地层水上升或地层水矿化度增高等地质条件下，使天然气在水中的溶解度降低，使天然气从地下水中析出形成游离态的天然气成藏。而石油在水中的溶解度很低，不会以这种方式成藏。

吸附气：天然气分子以吸附态或吸着态存在于岩石内部，从渗流机理上与游离态天然气不同，遵循吸附-解吸定律，即温度升高或压力降低情况下，天然气可以由吸附态解吸为游离态。一般在煤层气、致密砂岩气、页岩气等非常规天然气为吸附气。

天然气水合物：以固态气水合物形式存在于海底或永久冻土里面，由水与天然气（主要是甲烷）结合形成的白色固态的结晶物。其分布规律超出传统油气地质学范畴。

3. 天然气运聚动平衡

天然气容易发生扩散，由于气藏内天然气的浓度总是高于气藏外天然气的浓度，气藏中天然气的扩散损失和对气藏的破坏是持续的、永恒的。在地质历史中，天然气藏中的天然气通过盖层的扩散量是相当可观的。有学者计算了一个储量为 20×10^8 m^3 的气田，其盖层为 400 m 厚的泥岩，经过 4.5 Ma 后，由于扩散作用，气藏中的天然气储量将减少一半。可见，仅靠天然气的扩散作用在地质年代中完全可以把气藏破坏掉。郝石生等提出了天然气的运聚动平衡原理，认为在天然气藏中存在着正同时发生的两个过程：一个是烃源岩中的有机质正在生成天然气，通过运移聚集到圈闭当中；另一个过程是已经聚集在圈闭中的天然气会因为扩散作用或者渗滤作用，通过盖层不断的散失掉（图 8-16）。天然气藏一直处在这种“聚”和“散”的动态过程当中，这种动态关系制约着天然气的富集程度以及赋存状态，目前所发现的气藏都是这种动态过程中的一种暂时的中间结果。

天然气的扩散作用，使气藏对盖层的条件要求比石油要高，很多能封闭石油的盖层不一定能封闭天然气，因此天然气勘探中应特别重视盖层的研究与评价。同时，气藏对储集层物性要求较油藏低，储气层渗透率的工业下限可以很低。天然气动态平衡原理指示，越晚充注的圈闭，气藏越有利于保存下来。在评价一个盆地气源条件时，应对气源岩的生气历史给予高度重视。根据天然气运聚动平衡原理，较大规模气藏的形成需要四个方面的条件：有充沛的气源；生气高峰出现的地质时代越新越好；良好的封盖条件；生气高峰期比较稳定的大地构造环境。

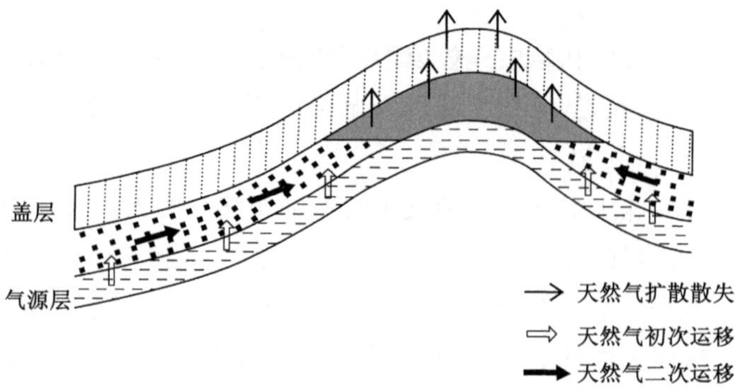

图 8-16　天然气运聚动平衡示意图

（柳广弟，2009）

二、凝析气藏的形成

1. 凝析气藏的概念

某些在地下深处高温高压条件下的气态烃类采到地面后，在温度和压力降低的条件下，反而会凝结出液态烃，这种液态烃叫凝析油，这种气藏称为凝析气藏。凝析气藏是介于油藏与气藏之间的一种气藏。虽然凝析气藏也产油（凝析油），但凝析油在地下以气相存在。而常规油藏乃至轻质油藏在地下以油相存在，虽然其中含有伴生气，但是这种气在地下溶解于油，成为单一油相。常规气藏（湿气藏、干气藏）在开采过程中很少产凝析油。

凝析油的物理特征与原油相比，一般密度低，虽然有个别密度较大，但也在轻质油范围之内；凝析油黏度小，易于流动；一般颜色较浅，常常呈无色或浅黄色。凝析油的化学特征表现为轻馏分高，一般正烷烃高，环烷烃与芳香烃小，主要是 C_5～C_{10} 成分，其胶质、沥青质含量低，乃至不含，但有些凝析油可以溶解储层中的沥青质和胶质，使其颜色变深，呈棕色及棕黑色，凝析油是非常优质的油气资源。

2. 凝析气藏形成条件

凝析气藏的烃体系是一种特殊的油气体系，一般称凝析油气体系。当成藏的地层温度介于烃体系的临界温度和临界凝析温度之间，地层压力等于或超过露点压力时，这种烃体系中的液态烃因发生显著的逆蒸发而以气相存在。凝析体系形成有两个条件：一个是烃类组成，这是基础；另一个是温度和压力条件，这是凝析体系的形成条件。

（1）烃类组成

凝析气藏烃体系组成特征为：一是具有高的气油比，一般原始气油比不得低于 600～800 m^3/m^3；二是该凝析油体系更富集轻烃组分，一般说来，天然气中 C_{2+} 含量高，更易于使油溶解于气相，而油质越轻越易溶于气相，当分子量相近时，烃类在气体中的溶解度是：烷烃＞环烷烃＞芳烃。

近年来的研究表明，在多种地质条件下都可以形成凝析油和轻质油。当埋藏深度较大、有机质热演化达到高成熟阶段时，即镜质组反射率介于 1.0%～1.3%之间时，由于热裂解作用，一方面有机质裂解生成小分子的烃类，另一方面早期形成大分子的烃类也裂解成小分子烃类，因此该阶段可以形成凝析油。有学者认为，陆相有机质在未成熟阶段(R_o=0.5%)，树脂质可以直接生成凝析油。近年研究表明，含煤地层在成熟阶段(0.5%<R_o<1.0%)也可以形成凝析油和轻质油。含煤地层可以生成凝析油，主要是由于非烃和沥青质分子量大，结构复杂，其溶解能力很弱，再加之煤的吸附能力强等因素，致使非烃和沥青质难以从煤层中释放出来，因而导致煤系烃源岩生成的原油中非烃和沥青质含量很低。另外，含煤地层的有机质有利于形成气态烃。

除上述形成凝析油的情况外，烃的运移作用也可以形成凝析油气藏。在垂直运移过程中，下部油藏中的烃类气体和轻质组分，由于扩散作用或渗透作用，从储层顶部盖层逸出到上部层位，到达上部层位后，如果存在相对更好的盖层时就会聚集起来形成凝析油气藏。

(2) 温度和压力条件

一般情况下，烃类物质等温加压引起凝结，减压导致蒸发。但超过一定的温度、压力后，却会出现等温加压引起蒸发、等温减压引起凝结现象，这叫逆蒸发和逆凝结。凝析气藏在一定温度、压力范围内，存在逆蒸发和逆凝结现象，使一部分液态烃反溶于气相形成单一气相。

在一定温度、压力条件下，等温加压使气态物质液化，随温度的增高，气体液化所需要的最低压力增大，当达到一定温度时，无论加多大的压力都不能使物质液化，该点就是临界点，临界点的温度是气相物质能维持液相的最高温度，称为临界温度；在临界温度时，该物质气体液化所需的最低压力，称为临界压力。

多组分烃体系相态图表明，凝析气的温度(T_h)介于临界温度(T_c)与临界凝析温度(T_m)之间，即 $T_m>T_h>T_c$(图 8-17)。T_c 至 T_m 之间的温度区间称为"凝析气温度段"，只有这个温度段包括了油气区中气层常具备的温度时，才容易形成广泛分布的凝析气藏群。在相同的凝析气相区，气层压力高于露点(B 点)压力时(p_m)，体系以凝析气藏存在，低于露点压力时，则会出现气-液两相的凝析油气藏。凝析油气体系的组成特征决定它的物性和相态变化特征，相态特征的重要表示方法是相图，在凝析气藏成藏理论研究中相态分析是必不可少的。

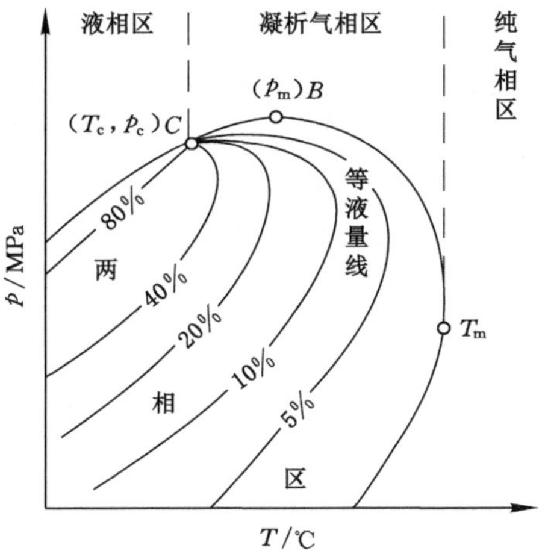

图 8-17　多组分烃体系相态图

本章思考题

1. 油气初次运移的相态有哪几种？初次运移的动力有哪些？
2. 油气二次运移的相态特征是什么？
3. 油气二次运移的通道是什么？二次运移的主要方向是什么？
4. 试比较初次运移与二次运移地质环境和条件的差异。
5. 引起油气藏破坏的主要地质作用有哪些？
6. 如何确定油气藏形成的时期？
7. 油气藏形成需要哪些地质条件？
8. 良好的保存条件含义是什么？
9. 天然气在地下的赋存有哪几种状态？
10. 比较气藏与油藏形成和保存条件的异同。
11. 何谓凝析气藏？凝析气藏形成有什么特殊条件？

第九章　油气聚集单元与资源分布

第一节　油气聚集单元

地壳上的油气分布，经常受到区域地质构造、岩性以及岩相等地质条件的控制，有明显的规律可循。油气藏是地壳中最小的油气聚集单元，而油气藏通常受一定的地质条件影响和控制，会成群、成带地出现，并不是孤立的存在，这就是油气聚集带。地壳中油气聚集单元按照级别和规模从小到大可以划分为油气藏、油气聚集带、含油气盆地。同时，生产中还用到油气田的概念，在油气地质研究中经常用含油气系统的概念。

一、含油气盆地

含油气盆地是油气生成、运移、聚集的基本单元，含油气盆地的特征控制了油气在层位上和平面上的分布。没有盆地便没有油气，盆地是油气勘探与油气地质研究的主要对象。

1. 含油气盆地的概念

一定地质时期内在盆状的空间中堆积的沉积物(一般认为厚度超过 1 000 m)称为沉积盆地。沉积盆地不同于地貌的盆地概念，它至少应该包含有三个要素：① 物质性，即沉积盆地是由沉积地层组成的沉积岩体；② 地质时代，即沉积盆地是在一定的地质时代形成；③ 空间，即沉积盆地是具有盆状形态的三维沉积岩体分布，是基本的地壳构造单元。以上要素中，物质是第一位的，它包含着时空的信息。

含油气盆地是指已经发现有油气的沉积盆地，确切来说，是具备成烃要素、已经发生油气生成、运移、聚集的过程，且已经发现有商业价值的油气聚集的沉积盆地。

2. 含油气盆地的结构

盆地的结构包括三个部分：盆地的边界、盆地的基底、盆地的沉积盖层，三者构成一个沉积盆地。

盆地内的沉积岩层与盆地周围岩层的接触关系叫盆地的边界。盆地的边界条件通常都与盆地基底的类型有密切关系。盆地的周边常常以断层或超覆方式与周边接触(图 9-1)。

盆地的基底是指盆地在开始沉积之前凹形、坚硬的底盘基座。含油气盆地是某个时代堆积沉积物的区域，基底是盆地形成之前各个时代的岩石组成，它在形态和岩性上的差异控制着后期沉积物的分布方式。中、新生代沉积盆地，大部分发育在板块内部活动带和板块边缘活动带，基底岩性主要是较年轻的褶皱浅沉积岩系或者变质岩系。对于古生代形成的沉积盆地，基底通常都由前震旦系的变质岩系组成，大多数都发育在稳定克拉通地区，但刚性

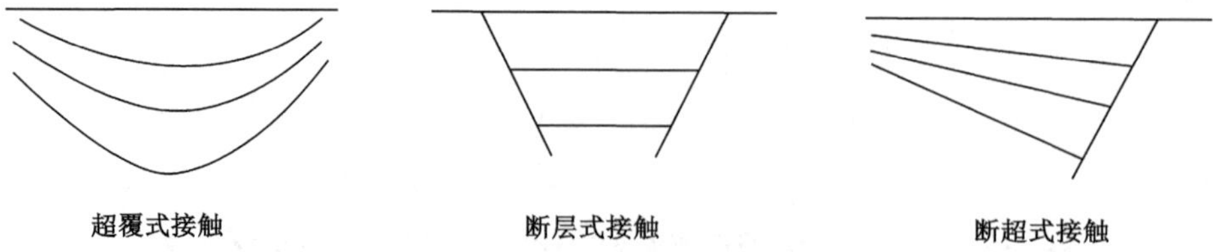

图 9-1　盆地周边接触关系示意图

（柳广弟，2009）

较大，构造活动较小，上覆的含油气盆地往往形态上呈椭圆形，规模较大。

盆地的沉积盖层是覆盖在基底之上的沉积岩层，即盆地沉积岩体本身，此处的沉积盖层相对岩浆岩和变质岩结晶基底而言，是一个大地构造概念，与油气成藏条件中盖层不同。一个盆地往往会由于地壳升降的周期性，形成沉积岩层旋回性，如碎屑岩层的由粗到细再到粗的旋回性。一个含油气盆地可以只有一次周期活动，存在一个沉积旋回，也可以有多个周期活动，具有多旋回性。一个沉积旋回通常就会形成一套生储盖组合，多个旋回就会形成不同时期的一系列生储盖组合。因此，盆地的沉积盖层与盆地的发育历史密切相关。

3. 含油气盆地的构造

根据盆地基底起伏形态，盆地内的构造可以划分为坳陷、隆起和斜坡等一级构造单元（表 9-1）。坳陷是盆地的负向单元，基底埋深较深，上覆形成的沉积盖层厚度相对较厚，地层发育连续、全面，沉积物粒度较细，与隆起之间的界线通常是大断裂，坳陷是盆地内最有利于油气生成的区域。隆起是基底埋深较浅，上覆形成的沉积盖层厚度相对较薄，甚至发育不全，导致沉积间断，形成不整合面，沉积物较粗，与坳陷相连接的翼部一般都有岩性尖灭和地层超覆出现。斜坡是坳陷中心向盆地边缘之间的区域，与隆起的翼部较为相似，往往存在一些岩性尖灭和地层超覆圈闭，是油气运聚的有利场所。

表 9-1　含油气盆地内构造单元划分表（柳广弟，2009；有修改）

级别	一级	亚一级	二级	三级
盆地	隆起	凸起	背斜构造带 潜山构造带 断裂构造带 ……	背斜构造 断层构造 鼻状构造 ……
		凹陷		
	斜坡			
	坳陷	凸起		
		凹陷		

盆地内因褶皱和断裂活动影响的沉积盖层，形成的断层、向斜、背斜等构造是最低一级的构造，称它为三级构造或局部构造，是油气聚集的基本场所，一般控制了圈闭或油气藏。而二级构造控制着油气区域性的运移和聚集，它是三级构造在盆地内按照一定的规律、成群成带地出现，处于一级构造和三级构造之间的一些背斜褶皱带、单斜挠曲带、断裂构造带等。

在规模较小的盆地，构造单元划分可能并不含有以上三级构造，一级构造单元则以凸起、凹陷等规模相对小的构造单元命名。

含油气盆地是一种沉降的大地构造单元，盆地的构造单元分布及特征受盆地构造沉降和构造演化过程控制，构造活动的差异以及基底结构的不同，会导致盆地在沉降时，有的基底部分沉降较慢，有的基底部分沉降较快。沉降较慢的会相对隆起，甚至是隆起局部露出水面被剥蚀，沉降较快的会形成坳陷。盆地构造演化控制盆地构造格局及区域性油气生成和运移，对油气成藏条件、成藏作用和油气分布具有重要的控制作用。

4. 含油气盆地类型

含油气盆地的形成和发展是受大地构造条件控制的，由于板块的碰撞与分离，在板块边界及板块内部形成了不同类型的沉积盆地。目前通常应用的含油气盆地分类则是按照板块构造观点，根据盆地发育的地球动力学环境，把盆地分为裂陷盆地、压陷盆地、走滑盆地和克拉通盆地四大类，再依据不同构造演化阶段形成的盆地序列和所处的大地构造位置进一步划分亚类（表 9-2）。不同类型的盆地，其油气地质条件和油气藏类型等分布规律各异，不能单靠盆地类型判定某类盆地油气资源的丰富程度。

表 9-2 沉积盆地类型(柳广弟,2009)

盆地序列	盆地类型	实例
裂陷盆地序列	大陆裂谷盆地	北海盆地
	陆间裂谷盆地	红海盆地
	张裂陆缘盆地	大西洋近海盆地
	边缘海-弧后盆地	安达曼海盆地
	拗拉谷盆地	南俄克拉荷马盆地
压陷盆地序列	深海沟盆地	秘鲁-智利盆地
	弧前盆地	大谷盆地
	残留盆地	黑海盆地
	前陆盆地	艾伯塔盆地
	山间盆地	费尔干纳盆地
走滑盆地序列	走滑-拉分盆地	美国死谷、中国依兰-伊通盆地
	走滑-挠曲盆地	中国百色盆地、柴达木盆地西北坳陷
克拉通盆地序列	克拉通内部盆地	西西伯利亚盆地、鄂尔多斯盆地
	克拉通边缘盆地	

二、油气聚集带

油气田在盆地中不是孤立存在的，通常会成群成带分布，在发现一个油气田之后，往往会在相邻的构造中能找到新的油气田。所谓油气聚集带，指同一个二级构造带或岩性岩相变化带中，互有成因联系、油气聚集条件相似的一系列油气田的总和。

油气聚集带按照控制油气分布的主要因素，分为构造型油气聚集带和地层岩性型油气聚集带。构造型油气聚集带包括背斜型油气聚集带、断裂型油气聚集带、底辟型油气聚集带等。地层岩性型油气聚集带包括潜山型、超覆尖灭型、地层不整合型、生物礁型和砂岩透镜体型等。

二级构造带通常为一个油气聚集带，由于石油与天然气的运移是区域性的，而二级构造带通常会控制运移的主要优势方向。当油气源区与二级构造带距离较近或者连通性较好时，整个二级构造带各个局部的一系列构造圈闭都随着油气源的不断供给形成油气藏，造成油气田成群成带地出现，形成油气聚集带。

有的岩性和地层岩相变化带也会成为油气聚集带。一些油气田的分布受岩性尖灭、沿古河道分布的岩性体、地层超覆带的控制，在油气聚集条件相似、成因上相互之间有联系，也控制了油气区带性分布，形成一个油气聚集带。

三、油气田

油气田是同一面积内的油藏、气藏、油气藏的总和。油气田是油气聚集的场所，是一个区域，是地理上的概念。同一面积是指不同层位的产油气层叠合连片的产油气面积。在叠合连片的范围中，不同层位的产油气层可以存在于单一地质体中，受同一个构造或者同一个地层因素所控制，也可以存在于复合地质体当中，受多种因素的控制。一个油气田在地理上包括一定的范围，具有一定的边界，占有一定的面积。各个油气田之间的面积大小相差悬殊，大的达到上千平方千米，小的只有几平方千米。例如我国的大港油田、大庆油田、长庆油田等多个大油气田，都是以地理名称命名的油气田。

关于油气田的分类，可以从多个角度来进行。从产烃类流体的角度，若在油气田范围内，只有油藏那就称为油田，若是只有气藏就称为气田，既有油藏又有气藏就称为油气田。也有按照油气田控制因素分类的，即根据“局部构造单元”的性质以及主要油气藏类型的差异，油气田可以分为四个大类，分别是地层型、构造型、复合型以及岩性型。

四、含油气系统

含油气系统是沉积盆地中一个自然的烃类流体系统，包含了成熟的烃源岩与已形成油气藏及油气藏形成时一切必不可少、相互关联的地质要素和地质作用。“含油气系统”在空间上有其特定的展布范围与赋存层段，在时间上有其形成和保存的时限。因此，含油气系统可以概括为成熟的烃源岩、储集岩、输导层和封盖层四大地质要素与油气生成、运移、聚集保存和圈闭形成四大地质作用，以及导致油气藏形成的上述各要素与作用的组合关系及分布。

含油气系统既是含油气盆地中油气生成、运移和聚集的一个地质单元，也是适合于这样一个地质单元的研究方法。油气系统的研究内容包括基本地质要素、基本地质过程、地质要素与地质过程的关系，对这些研究内容的描述可用油气系统的埋藏史曲线图、油气系统在关键时刻的区域展布图、剖面图和油气系统事件过程来表示。图 9-2 为 Deer-Boar 含油气系统事件图。图中显示了 8 种不同的事件，其中上部 4 种事件记录了几个基本要素的地层沉积时间，接下来 2 个事件记录了含油气系统形成过程的时间。

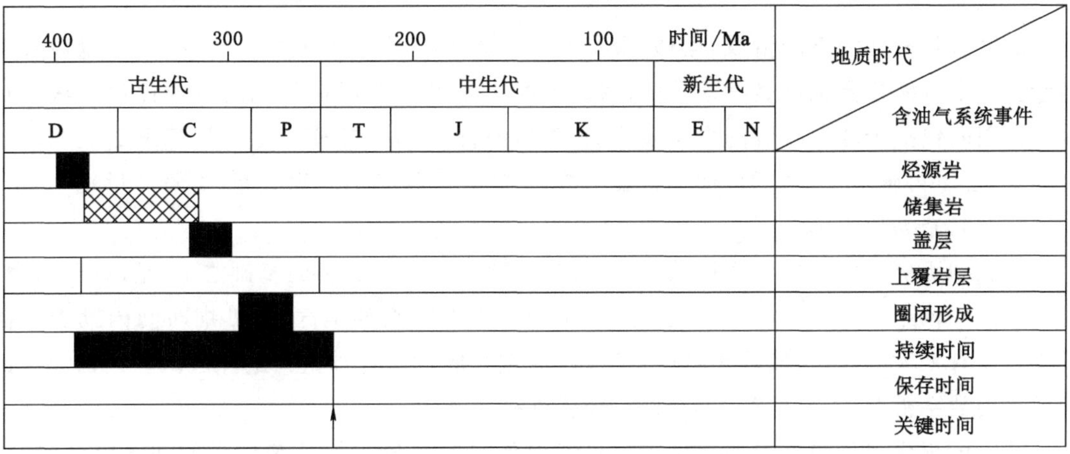

图 9-2 Deer-Boar 含油气系统事件图

(Magoon 等,1991)

第二节 油气资源分布

一、油气资源量与储量

油气资源是指蕴藏在地壳当中的石油与天然气。根据地壳中的油气进行开发的经济技术条件以及对赋存状态的了解程度,把油气资源分为油气资源量和油气储量两大类别。资源量是指根据现有的地质资料以及石油地质理论,推测地下可能存在的油气数量总数。储量是指已经探明,在现有的技术和经济条件下能够进行开采,基本被人们了解控制的那一部分油气数量。储量只是资源量的一部分,小于资源量。

油气资源评价是指分析某一地区有无油气资源、有多少、在哪里、好还是差等研究内容。油气资源评价的方法有很多,有体积统计法、成因评价法、油气藏或圈闭规模概论分析规律法、资源评价的发现过程模型法、历史统计外推法、特菲尔法等。有研究学者将其归纳为丰度法、成因法、经验和历史外推法、勘探目标分析法以及主观直接法。也有学者总结归纳为体积法、勘探效果分析法、地球化学法、类比法。这里简略介绍几种主要油气资源评价方法的基本原理。

1. 体积法

体积法主要包括体积速度法、体积累加法以及体积丰度法。体积速度法就是根据盆地内沉积物的充填速度(体积速度)与盆地内油气资源量的函数关系,来对油气资源进行估算;体积累加法就是从圈闭开始,以区带为单位分别估算各级的资源量,到最后累加成为盆地资源量;体积丰度法是把资源量作为盆地沉积岩厚度和丰度、盆地面积的函数,计算过程会将盆地按照各种不同的深度单元、地质构造单元来详细划分为区块,再对划分出来的区块进行资源量的估算。

2. 成因法

成因法是根据油气的生成、运移、聚集的基本原理，来估算评价区生烃量、运移量以及聚集量。这个方法主要依据是盆地数值模拟，同时也是普查阶段最常用的资源评价方法。目前最常用的包括干酪根降解的数学模型法、氯仿沥青“A”法、热模拟法。计算思路是先求出生烃量，之后再确定排烃系数、油气聚集系数，三者相乘得到油气聚集量(总资源量)。

3. 经验和历史外推法

经验和历史外推法也叫勘探效果分析法，它建立在实际资料的基础之上，是以历史资料为基础的一种经验外推方法。它主要适用于勘探程度较高的地区，在外推时间内勘探工作量投入没有太大的起伏，较均衡，没有扩大新的重大成藏组合和重大勘探区。它包括油气田规模序列数字模型法、储量产量分析法、经验外推法。

油气田规模序列数字模型法是根据自然现象的概率分布特征来估算的油气资源量；储量产量分析法是指利用累计生产量与累计发现量之间的关系，最终求得累计发现量的方法；经验外推法是指在一个盆地发现高峰阶段过去之后，随着钻井进尺的累积量和储量发现时间的增长，呈现出下降的趋势曲线，根据此曲线来推测油气资源量。

4. 类比法

类比法是目前比较简单、广泛使用的估算方法，尤其是储量丰度类比法，它的理论基础是油气资源的多少基本上与沉积岩的体积、面积以及堆积速率有一定的函数关系。在成熟探区，对相邻各种类型地质构造单元进行大量统计的基础上，得到的一些经验参数，应用到该盆地地质条件相似的地质单元中。在普查阶段盆地油气资源的早期评价常用此方法，思路一般是大区岩相古地理研究与现代板块构造研究相结合，对板块运动过程中，根据对盆地沉降中心的分析，在不同时期沉积中心和生油中心运动轨迹的研究，初步确定盆地的沉积史以及沉降史，进而做出油气远景预测。类比法适用于任何地质条件和勘探阶段，可以用于盆地范围内的类比，也可以用于一口井甚至模拟实验数据的类比。

二、中国油气资源分布特征

在我国417个沉积盆地中，有12个陆上和近海的重要含油气盆地，即松辽盆地、鄂尔多斯盆地、塔里木盆地、吐哈盆地、东海盆地、准噶尔盆地、琼东南盆地、珠江口盆地、莺歌海盆地、柴达木盆地、四川盆地、渤海湾盆地。

据“中国石油第四次石油资源评价”，全国常规石油地质资源量为 $1\ 080.31\times10^8$ t，其中海域资源 288.15×10^8 t，占比27%；陆上资源 792.16×10^8 t，占比73%。常规天然气地质资源 78.44×10^{12} m^3，海域资源 37.44×10^{12} m^3，占比48%；陆上资源 41×10^{12} m^3，占比52%。

我国油气资源分布受区域大地构造特征所控制，由于太平洋板块向西北俯冲以及印度洋板块向北俯冲的长期作用，使中国板块的大地构造性质和地壳结构产生悬殊的东西差异，造成我国含油气盆地类型较全且数量较多。

我国东部构造线：古生代以EW向为主，沉积较为稳定，构造活动性弱。中、新生代以来整个东部地区受到燕山运动和喜马拉雅运动的影响，呈现出五个沉陷带，导致NNE向以及NE向构造线发育，形成了大小悬殊、块断作用分割明显的沉积盆地。我国西部构造线主要以 NWW 向为主，排列越向南越紧密，构造活动性大，向南有增强趋势，岩浆活动向南也有增强趋势。

根据我国的大地构造特征，中、新生代以来，中国的板块可以分为三个不同的构造格局：东部扩张区、中部过渡区以及西部聚敛区。相应的可以把我国划分为三大类含油气盆地：东部裂谷带拉张型盆地，有莺歌海、南黄海-苏北、琼东南、南海中央、台湾西部、北部湾、珠江口、太平-礼乐滩等东南沿海大型沉积盆地，以及渤海湾、松辽、江汉等含油气盆地；中部克拉通过渡型盆地，位于东、西部大区之间，如四川、鄂尔多斯、楚雄、二连等大型盆地；西部造山带挤压型盆地，油气资源丰富，如塔里木盆地、准噶尔盆地、柴达木盆地等。中国天然气资源的地理分布主要在中部和西部，其次在海洋和东部；石油资源的地理分布主要在东部，其次在西部和海洋(图 9-3)。

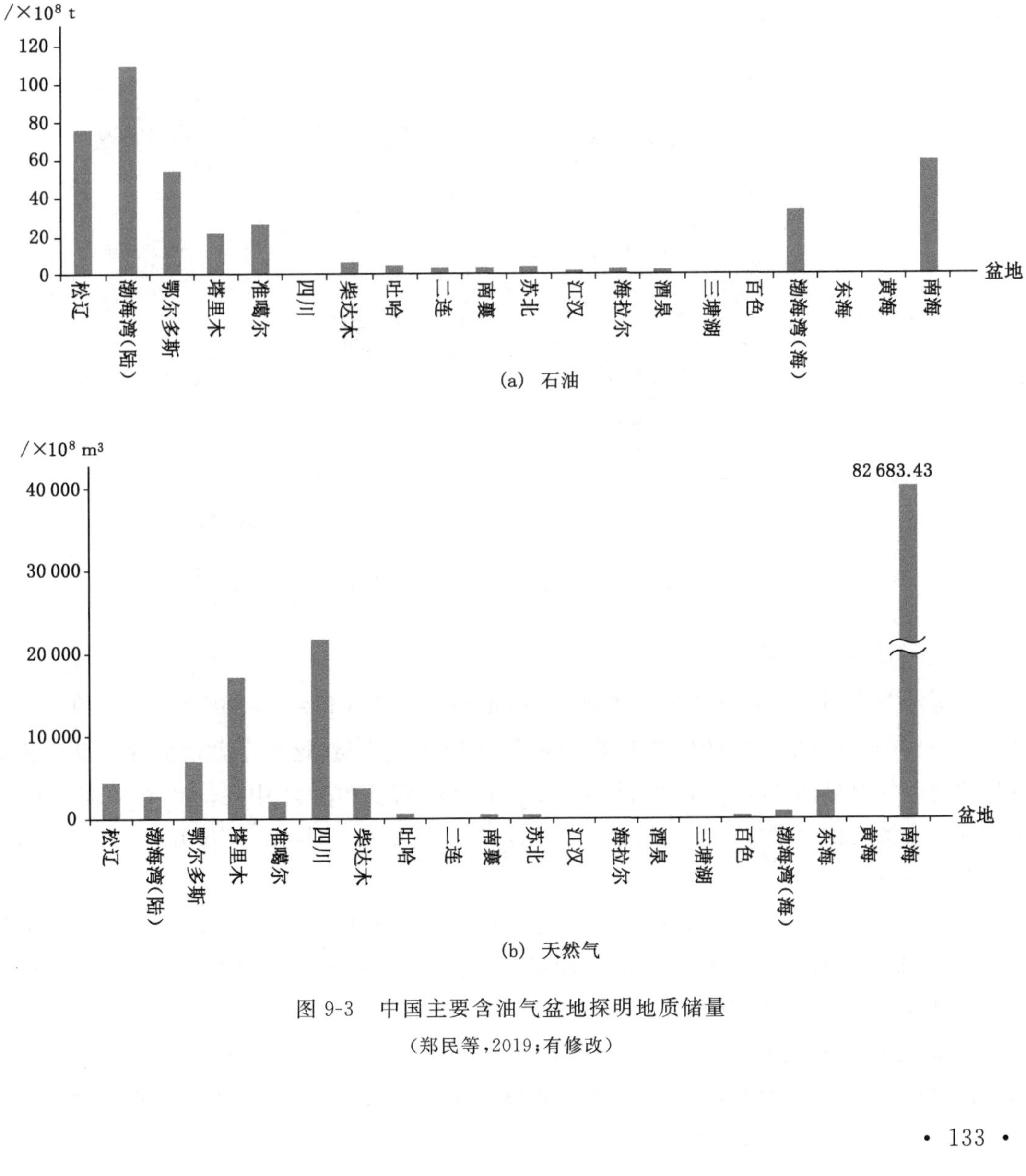

图 9-3　中国主要含油气盆地探明地质储量

(郑民等，2019；有修改)

陆相和海相的烃源岩层、储油气层在我国都很发育，除了发育巨厚的中、新生代陆相沉积地层，还发育有古生界、中元古界、上元古界的海相地层，形成多时代的生、储油气层系重叠的多层结构。所以我国的产油气地层时代延续很长，几乎在中元古界、上元古界一直到第四系，都含有丰富的油气资源。

三、世界油气资源分布特征

1. 油气资源地理分布

世界探明石油储量 2 394×10^8 t，在世界不同地区的分布极其不均衡，中东地区波斯湾盆地是目前世界上最富含油气资源的盆地，占世界探明储量的 47.3%。天然气的分布与石油有所不同，中东、中亚及俄罗斯是天然气富集地区，世界探明天然气储量 1 869×10^8 m^3，中东仍然是世界天然气储量最丰富的地区，占世界储量 42.8%，欧亚大陆地区占 30.4%，其余地区占27.8%(图 9-4)。

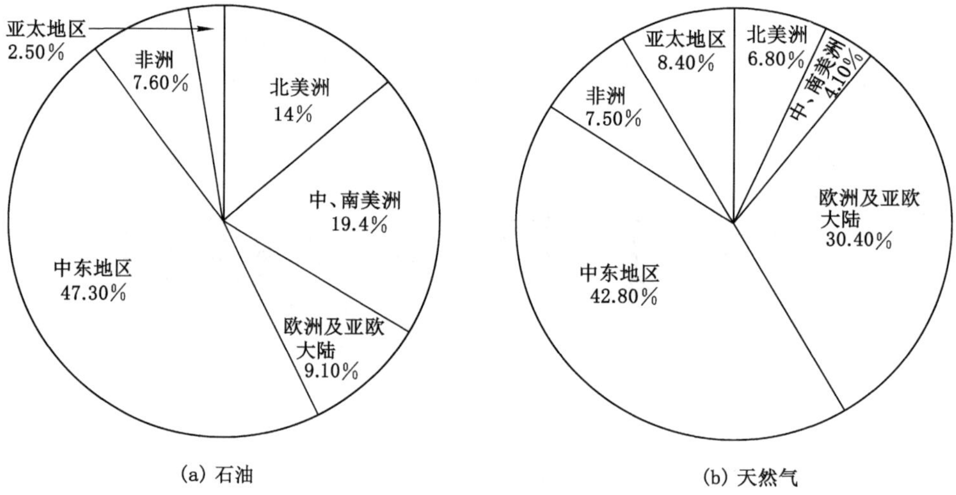

图 9-4 世界油气探明储量分布图

2. 油气资源的盆地分布

在全球产出商业石油的 160 个盆地当中，正在生产的油田约 41 000 个，气田约 26 000 个，但是只有 6 个盆地发现的储量大于 70×10^8 t 的油气当量，这 6 个盆地的油气储量占到世界发现油气总量的 65%。例如，世界上发现的石油储量 70%集中在 300 个大油气田中，这 300 个大油气田大多集中在波斯湾、西西伯利亚、伏尔加-乌拉尔、马拉开波、墨西哥湾等大型含油气盆地。

全球 42 个特大油气田只分布在 10 个盆地当中，而波斯湾盆地中就有 20 个特大油气田，西伯利亚盆地有 10 个，根据第 10 届世界石油大会资料，波斯湾盆地石油总储量占全世界总储量的一半，俄罗斯西伯利亚天然气储量占世界 1/3。

3. 油气资源时代分布

目前全球的所有地质时代的地层当中都发现了油气田，但分布不均衡，主要集中在侏罗系和白垩系地层。据常规油气储量统计，中生界石油储量约占54%，天然气储量约占44%；古近系、新近系石油储量约占32%，天然气储量约占27%。世界大油气田储层按照层系分布统计，中生界大油气田储量约占51%，新生界大油气田储量约占41%。

单从全球中、大型油气田中显示的油气储量时代统计来看，石油大多集中在中新生界，占全部储量的92%～94%，只有8%～5.13%分布在古生界(图9-5)。天然气则以古生界为主，占总储量的90%。这与烃源岩热演化生烃有关，古老深层烃源岩多已达到高成熟-过成熟生凝析油和天然气阶段。

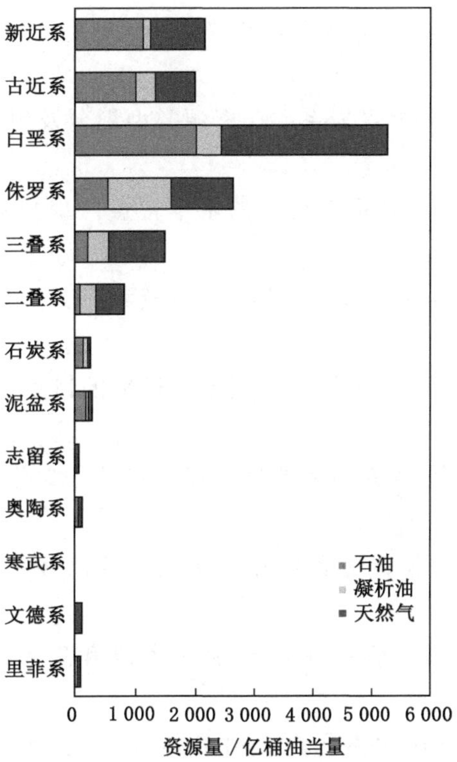

图9-5　全球常规油气资源层系分布
(田作基等，2014)

本章思考题

1. 油气藏、油气聚集带、含油气盆地的基本概念及相互联系。
2. 含油气盆地包括哪几个级别的构造单元?
3. 含油气盆地分为哪几类?
4. 前陆盆地、裂谷盆地、克拉通盆地有哪些主要油气地质特征?
5. 如何进行油气资源与储量的分类和分级?
6. 世界和我国油气资源分布有哪些主要特点?

参考文献

[1] 鲍园，孟佳豪，胡宜亮，等.煤地质学研究新进展及其前景展望：基于 International Journal of Coal Geology 2016—2020 年文献统计[J].工程地质学报，2021，29(4)：1139-1147.

[2] 曹代勇，秦国红，张岩，等.含煤岩系矿产资源类型划分及组合关系探讨[J].煤炭学报，2016，41(9)：2150-2155.

[3] 曹代勇，王崇敬，李靖，等.煤系页岩气的基本特点与聚集规律[J].煤田地质与勘探，2014，42(4)：25-30.

[4] 曹代勇，王路，刘志飞，等.我国煤系石墨研究及资源开发利用前景[J].煤田地质与勘探，2020，48(1)：1-11.

[5] 曹代勇，王路，朱文卿，等.关于煤系石墨鉴定标准的讨论[J].煤田地质与勘探，2022，50(12)：105-113.

[6] 曹代勇，魏迎春，李阳，等.煤系石墨鉴别指标厘定及分类分级体系构建[J].煤炭学报，2021，46(6)：1833-1846.

[7] 陈浮，王思遥，于昊辰，等.碳中和目标下煤炭变革的技术路径[J].煤炭学报，2022，47(4)：1452-1461.

[8] 陈建平，黄第蕃，陈建军，等.酒东盆地油气生成和运移[M].北京：石油工业出版社，1996.

[9] 陈荣书.石油及天然气地质学[M].武汉：中国地质大学出版社，1994.

[10] 陈亚光，朱崇林，张锟，等.鄂尔多斯盆地东缘上古生界煤系页岩气成藏地质条件[J].地质学刊，2017，41(1)：54-61.

[11] 陈作全.石油地质学简明教程[M].北京：地质出版社，1987.

[12] 崔艳.我国煤系共伴生矿产资源分布与开发现状[J].洁净煤技术，2018，24(S1)：27-32.

[13] 代俊峰，李增华，许德如，等.煤型关键金属矿产研究进展[J].大地构造与成矿学，2021，45(5)：963-982.

[14] 代世峰，刘晶晶，唐跃刚，等.煤的显微组分定义与分类(ICCP system 1994)解析Ⅲ：腐植体[J].煤炭学报，2021d，46(8)：2623-2636.

[15] 代世峰，唐跃刚，姜尧发，等.煤的显微组分定义与分类(ICCP system 1994)解析Ⅰ：镜质体[J].煤炭学报，2021a，46(6)：1821-1832.

[16] 代世峰，王绍清，唐跃刚，等.煤的显微组分定义与分类(ICCP system 1994)解析Ⅱ：惰质体[J].煤炭学报，2021b，46(7)：2212-2226.

[17] 代世峰,赵蕾,唐跃刚,等.煤的显微组分定义与分类(ICCP system 1994)解析Ⅳ:类脂体[J].煤炭学报,2021c,46(9):2965-2983.
[18] 代世峰,赵蕾,魏强,等.中国煤系中关键金属资源:富集类型与分布[J].科学通报,2020,65(33):3715-3729.
[19] 戴金星.各类天然气的成因鉴别[J].中国海上油气,1992,6(1):11-19.
[20] 戴金星.煤成气及鉴别理论研究进展[J].科学通报,2018,63(14):1291-1305.
[21] 戴金星,倪云燕,廖凤蓉,等.煤成气在产气大国中的重大作用[J].石油勘探与开发,2019,46(3):417-432.
[22] 戴金星,宋岩,戴春森,等.中国东部无机成因气及其气藏形成条件[M].北京:科学出版社,1995.
[23] 戴金星,文亨范,宋岩.五大连池地幔成因的天然气[J].石油实验地质,1992,14(2):200-203.
[24] 戴金星,邹才能,陶士振,等.中国大气田形成条件和主控因素[J].天然气地球科学,2007,18(4):473-484.
[25] 丁贵明,张一伟,吕鸣岗,等.油气勘探工程[M].北京:石油工业出版社,1997.
[26] 窦立荣,温志新,王建君,等.2021 年世界油气勘探形势分析与思考[J].石油勘探与开发,2022,49(5):1033-1044.
[27] 杜芳鹏,雒铮,乔军伟,等.宁东煤田侏罗纪煤岩煤质特征及清洁高效利用[J].煤田地质与勘探,2020,48(2):71-77.
[28] 杜尚明,胡光灿,李景明,等.天然气资源勘探[M].北京:石油工业出版社,2004.
[29] 冯诗庆.煤系地层中膨润土的开发利用[J].硅酸盐通报,1994,13(1):60-63.
[30] 付广,吕延防.天然气扩散作用及其研究方法[M].北京:石油工业出版社,1999.
[31] 傅家谟,刘德汉,盛国英.煤成烃地球化学[M].北京:科学出版社,1990.
[32] 傅雪海,秦勇,韦重韬.煤层气地质学[M].徐州:中国矿业大学出版社,2007.
[33] 郭志军.构造煤微观裂隙系统研究:以淮北地区为例[D].徐州:中国矿业大学,2015.
[34] 郭子一,刘建荣,郭志宾,等.我国煤系共伴生矿产资源综合利用研究进展[J].矿产保护与利用,2022,42(6):1-9.
[35] 郝芳.超压盆地生烃作用动力学与油气成藏机理[M].北京:科学出版社,2005.
[36] 郝石生,黄志龙,高耀斌.轻烃扩散系数的研究及天然气运聚动平衡原理[J].石油学报,1991,12(3):17-24.
[37] 郝石生,黄志龙,杨家琦.天然气运聚动平衡及其应用[M].北京:石油工业出版社,1994.
[38] 郝石生,柳广弟,黄志龙,等.天然气资源评价的运聚动平衡模型[J].石油勘探与开发,1993,20(3):16-21.
[39] 何登发,董大忠,吕修祥,等.克拉通盆地分析[M].北京:石油工业出版社,1996.
[40] 何登发,贾承造,李德生,等.塔里木多旋回叠合盆地的形成与演化[J].石油与天然气地质,2005,26(1):64-77.

[41] 何登发，贾承造，童晓光，等.叠合盆地概念辨析[J].石油勘探与开发，2004，31(1)：1-7.

[42] 何登发，贾承造，周新源，等.多旋回叠合盆地构造控油原理[J].石油学报，2005，26(3)：1-9.

[43] 何登发，马永生，刘波，等.中国含油气盆地深层勘探的主要进展与科学问题[J].地学前缘，2019，26(1)：1-12.

[44] 侯读杰，冯子辉.油气地球化学[M].北京：石油工业出版社，2011.

[45] 侯海海，邵龙义，李猛.柴达木盆地北缘侏罗系非常规天然气储层物性表征与综合评价[M].徐州：中国矿业大学出版社，2021.

[46] 侯海海，邵龙义，梁国栋，等.准噶尔盆地南缘西山窑组沉积特征与煤层气成藏地质条件分析[M].徐州：中国矿业大学出版社，2022.

[47] 胡慧婷.大庆外围典型盆地煤层气和致密砂岩气成藏条件类比评价及资源潜力预测[D].大庆：东北石油大学，2012.

[48] 胡见义.非构造油气藏[M].北京：石油工业出版社，1986.

[49] 胡见义.中国陆相石油地质理论基础[M].北京：石油工业出版社，1991.

[50] 胡咤咤，黄文辉，刘素平，等.沁水盆地南部煤储层显微裂隙发育的影响因素[J].煤田地质与勘探，2016，44(5)：63-70.

[51] 黄炳香，赵兴龙，余斌，等.煤与共伴生战略性金属矿产协调开采理论与技术构想[J].煤炭学报，2022，47(7)：2516-2533.

[52] 黄第藩.成烃理论的发展：(Ⅰ)未熟油及有机质成烃演化模式[J].地球科学进展，1996，11(4)：327-335.

[53] 黄第藩，李晋超，张大江.干酪根的类型及其分类参数的有效性、局限性和相关性[J].沉积学报，1984，2(3)：18-33.

[54] 霍多特.煤与瓦斯突出[M].宋士钊，王佑安，等译.北京：中国工业出版社，1966.

[55] 蒋有录，查明.石油天然气地质与勘探[M].北京：石油工业出版社，2006.

[56] 焦丽香，高树学，郭加朋，等.我国石墨资源开发利用现状分析[J].中国非金属矿工业导刊，2019(S1)：1-6.

[57] 金之钧，张金川，唐玄.非常规天然气成藏体系[J].天然气工业，2021，41(8)：58-68.

[58] 琚宜文，姜波，王桂樑，等.构造煤结构及储层物性 [M].徐州：中国矿业大学出版社，2005.

[59] 李明诚.对油气运聚研究中一些概念的再思考[J].石油勘探与开发，2002，29(2)：13-16.

[60] 李明诚.石油与天然气运移[M].3 版.北京：石油工业出版社，2004.

[61] 李明诚.石油与天然气运移研究综述[J].石油勘探与开发，2000，27(4)：3-10.

[62] 李勇，潘松圻，宁树正，等.煤系成矿学内涵与发展：兼论煤系成矿系统及其资源环境效应[J].中国科学(地球科学)，2022，52(10)：1948-1965.

[63] 李勇，王延斌，孟尚志，等.煤系非常规天然气合采地质基础理论进展及展望[J].煤炭学报，2020，45(4)：1406-1418.

[64] 李增学，魏久传，余继峰，等.煤地质学[M].2 版.北京：地质出版社，2009.

[65] 李增学,王东东,吕大炜,等.煤系矿产类型及协同勘查研究进展:兼论煤地质学一些概念的规范化问题[J].煤炭科学技术,2018,46(4):164-176.

[66] 刘建强,迟乃杰,从培章,等.煤系共伴生矿产定义内涵及分类[J].山东国土资源,2015,31(9):30-34.

[67] 刘世奇,王鹤,王冉,等.煤层孔隙与裂隙特征研究进展[J].沉积学报,2021,39(1):212-230.

[68] 柳广弟.石油地质学[M].4 版.北京:石油工业出版社,2009.

[69] 柳广弟,李剑,李景明,等.天然气成藏过程有效性的主控因素与评价方法[J].天然气地球科学,2005,16(1):1-6.

[70] 柳广弟,张仲培,陈文学,等.焉耆盆地油气成藏期次研究[J].石油勘探与开发,2002,29(1):69-71.

[71] 柳广弟,张仲培,张枝焕,等.焉耆盆地三工河组储层流体包裹体形成期次分析[J].沉积学报,2002,20(2):345-348.

[72] 卢焕章.现代海底烟囱中流体包裹体的研究[J].岩石学报,2003,19(2):235-241.

[73] 卢焕章,范宏瑞,倪培,等.流体包裹体[M].北京:科学出版社,2004.

[74] 鲁雪松,刘可禹,赵孟军,等.油气成藏年代学分析技术与应用[M].北京:科学出版社,2017.

[75] 陆克政.含油气盆地分析[M].东营:石油大学出版社,2001.

[76] 罗蛰潭,王允诚.油气储集层的孔隙结构[M].北京:科学出版社,1986.

[77] 吕延防,付广,高大岭,等.油气藏封盖研究[M].北京:石油工业出版社,1996.

[78] 倪良田,钟建华,王桂林,等.吐哈盆地水西沟群致密砂岩气成藏机制新理论:近生近储和自生自储[J].煤炭科学技术,2022,50(3):176-186.

[79] 聂明龙,何登发,刘群明,等.阿姆河盆地东北部查尔朱基底断裂演化及其对盐下油气运聚的控制[J].高校地质学报,2017,23(2):277-284.

[80] 聂明龙,吴蕾,刘斌,等.土库曼斯坦阿姆河右岸地区断裂特征及其控藏作用[J].新疆石油地质,2013,34(3):365-368.

[81] 聂明龙,吴蕾,孙林,等.阿姆河盆地查尔朱阶地及邻区盐相关断裂特征与油气地质意义[J].石油与天然气地质,2013,34(6):803-808.

[82] 聂明龙,徐树宝,吴蕾,等.阿姆河右岸盐下断裂复杂化礁滩相气藏特征及勘探意义:以BP 气藏为例[J].天然气工业,2015,35(6):24-29.

[83] 宁树正,邓小利,李聪聪,等.中国煤中金属元素矿产资源研究现状与展望[J].煤炭学报,2017,42(9):2214-2225.

[84] 宁树正,刘亢,曹代勇.煤系矿产地质系统研究框架[J].中国煤炭地质,2020,32(9):54-58.

[85] 庞雄奇,付广,万龙贵,等.盖层封油气性综合定量评价:盆地模拟在盖层评价中的应用[M].北京:地质出版社,1993.

[86] 庞雄奇,金之钧,姜振学,等.叠合盆地油气资源评价问题及其研究意义[J].石油勘探与

开发,2002,29(1):9-13.

[87] 庞雄奇,邱楠生,姜振学,等.油气成藏定量模拟[M].北京:石油工业出版社,2005.

[88] 秦勇.中国高煤级煤的显微岩石学特征及结构演化[M].徐州:中国矿业大学社,1994.

[89] 任世华,谢亚辰,焦小淼,等.煤炭开发过程碳排放特征及碳中和发展的技术途径[J].工程科学与技术,2022,54(1):60-68.

[90] 桑树勋,王冉,周效志,等.论煤地质学与碳中和[J].煤田地质与勘探,2021,49(1):1-11.

[91] 桑树勋,袁亮,刘世奇,等.碳中和地质技术及其煤炭低碳化应用前瞻[J].煤炭学报,2022,47(4):1430-1451.

[92] 宋党育,袁镭,白万备,等.煤地质学研究进展与前沿[J].煤田地质与勘探,2016,44(4):1-7.

[93] 宋惠珍,贾承造,欧阳健,等.裂缝性储集层研究理论与方法:塔里木盆地碳酸盐岩储集层裂缝预测[M].北京:石油工业出版社,2001.

[94] 汤良杰,金之钧,庞雄奇.多期叠合盆地油气运聚模式[J].石油大学学报(自然科学版),2000,24(4):67-70.

[95] 田作基,吴义平,王兆明,等.全球常规油气资源评价及潜力分析[J].地学前缘,2014,21(3):10-17.

[96] 汪昱辉,姚素平.煤显微组分对煤石墨化作用的影响[J].地球科学进展,2022,37(6):600-611.

[97] 王德利,任辉,张宇航,等.我国煤系石墨资源开发利用现状及对策建议探讨[J].中国煤炭地质,2022,34(6):8-10.

[98] 王诺,张进,吴迪,等.世界煤炭资源流动的时空格局及成因分析[J].自然资源学报,2019,34(3):487-500.

[99] 王圣程,苏善杰,黄兰英,等.碳中和愿景下中国煤层气开发现状与展望[J].徐州工程学院学报(自然科学版),2022,37(4):71-75.

[100] 王佟,邵龙义,夏玉成,等.中国煤炭地质研究取得的重大进展与今后的主要研究方向[J].中国地质,2017,44(2):242-262.

[101] 王兆明,温志新,贺正军,等.全球近10年油气勘探新进展特点与启示[J].中国石油勘探,2022,27(2):27-37.

[102] 魏国齐,张福东,李君,等.中国致密砂岩气成藏理论进展[J].天然气地球科学,2016,27(2):199-210.

[103] 温志新,徐洪,王兆明,等.被动大陆边缘盆地分类及其油气分布规律[J].石油勘探与开发,2016,43(5):678-688.

[104] 邬立言,顾信章,盛志伟,等.生油岩热解快速定量评价[M].北京:科学出版社,1986.

[105] 谢英刚.深部煤层气与致密砂岩气合采兼容性地质评价理论与方法:以临兴区块本溪组一段及邻层为例[D].徐州:中国矿业大学,2022.

[106] 徐永昌.天然气成因理论及应用[M].北京:科学出版社,1994.

[107] 杨起.中国煤变质作用[M].北京:煤炭工业出版社,1996.

[108] 姚艳斌,刘大锰.煤储层精细定量表征与综合评价模型[M].北京:地质出版社,2013.

[109] 姚艳斌,刘大锰,汤达祯,等.沁水盆地煤储层微裂隙发育的煤岩学控制机理[J].中国矿业大学学报,2010,39(1):6-13.

[110] 应凤祥,罗平,何东博,等.中国含油气盆地碎屑岩储集层成岩作用与成岩数值模拟[M].北京:石油工业出版社,2004.

[111] 余存林,徐永,杜建军.煤田勘探中不要忽视对金属矿产的勘查评价[J].西部资源,2013(1):113-114.

[112] 查全衡.石油资源经营管理的实践与思考[M].北京:石油工业出版社,1999.

[113] 张厚福,张万选,高先志,等.石油地质学[M].北京:石油工业出版社,1999.

[114] 张慧,焦淑静,李贵红,等.非常规油气储层的扫描电镜研究[M].北京:地质出版社,2016.

[115] 张家强,毕彩芹,徐银波,等.非常规油气地质调查工程进展与主要成果[J].中国地质调查,2023,10(1):1-19.

[116] 张利珍,吕子虎,谭秀民,等.我国煤系共伴生矿物资源及开发利用现状[J].中国矿业,2012,21(11):59-61.

[117] 张松航,唐书恒,汤达祯,等.鄂尔多斯盆地东缘煤储层渗流孔隙分形特征[J].中国矿业大学学报,2009,38(5):713-718.

[118] 张卫海,查明,曲江秀.油气输导体系的类型及配置关系[J].新疆石油地质,2003,24(2):118-120.

[119] 张学庆,李贤庆,李阳阳,等.煤系页岩气储层研究进展[J].中国煤炭地质,2020,32(2):59-66.

[120] 张义纲.天然气的生成聚集和保存[M].南京:河海大学出版社,1991.

[121] 赵靖舟,张金川,高岗.天然气地质学[M].北京:石油工业出版社,2013.

[122] 赵孟军,宋岩,柳少波,等.准噶尔盆地天然气成藏体系和成藏过程分析[J].地质论评,2009,55(2):215-224.

[123] 赵孟军.塔里木盆地和田河气田天然气的特殊来源及非烃组分的成因[J].地质论评,2002,48(5):480-486.

[124] 赵明珍.河南省主要煤田煤炭资源清洁利用潜势[J].煤田地质与勘探,2020,48(2):57-63.

[125] 赵文智.石油地质理论与方法进展[M].北京:石油工业出版社,2006.

[126] 赵文智,何登发.石油地质综合研究导论[M].北京:石油工业出版社,1999.

[127] 赵文智,何登发,池英柳,等.中国复合含油气系统的基本特征与勘探技术[J].石油学报,2001,22(1):6-13.

[128] 赵文智,王兆云,汪泽成,等.高效气源灶及其对形成高效气藏的作用[J].沉积学报,2005,23(4):709-718.

[129] 郑民,李建忠,吴晓智,等.我国常规与非常规天然气资源潜力、重点领域与勘探方向[J].天然气地球科学,2018,29(10):1383-1397.

[130] 郑民,李建忠,吴晓智,等.我国主要含油气盆地油气资源潜力及未来重点勘探领域[J].地球科学,2019,44(3):833-847.

[131] 郑司建,桑树勋.煤层气勘探开发研究进展与发展趋势[J].石油物探,2022,61(6):951-962.

[132] 郑辙.煤基石墨微结构的高分辨电镜研究[J].矿物学报,1991,11(3):214-218.

[133] 中俄土合作研究项目组.中俄土天然气地质研究新进展[M].北京:石油工业出版社,1995.

[134] 中国煤炭地质总局.中国煤炭资源赋存规律与资源评价[M].北京:科学出版社,2016.

[135] 中国石油天然气总公司勘探局.石油构造地质学[M].北京:石油工业出版社,1998.

[136] 周兴熙.复合叠合盆地油气成藏特征:以塔里木盆地为例[J].地学前缘,2000,7(3):39-47.

[137] 周兴熙.塔里木盆地天然气形成条件及分布规律[M].北京:石油工业出版社,1998.

[138] 周兴熙,袁容,王红军,等.腐殖型凝析气的研究:以塔里木盆地为例[J].地学前缘,1999,6(S1):221-227.

[139] 邹才能,陶士振,侯连华,等.非常规油气地质学[M].北京:地质出版社,2014.

[140] 邹才能,杨智,董大忠,等.非常规源岩层系油气形成分布与前景展望[J].地球科学,2022,47(5):1517-1533.

[141] AYERS W B.Coalbed gas systems,resources,and production and a review of contrasting cases from the San Juan and Powder River Basins[J].AAPG bulletin,2002,86:1853-1890.

[142] BARKER C.Calculated volume and pressure changes during the thermal cracking of oil to gas in reservoirs[J].AAPG bulletin,1990,74(8):1254-1261.

[143] BARKER C.Development of abnormal and subnormal pressures in reservoirs containing bacterially generated gas[J].AAPG bulletin,1987(11):1404-1413.

[144] BERG R R,GANGI A F.Primary migration by oil-generation microfracturing in low-permeability source rocks:application to the Austin chalk,texas[J].AAPG bulletin,1999,83(5):727-756.

[145] BUSTIN R M,GUO Y.Abrupt changes (jumps) in reflectance values and chemical compositions of artificial charcoals and inertinite in coals[J].International journal of coal geology,1999,38(3/4):237-260.

[146] CHALMERS G R L,BUSTIN R M.A multidisciplinary approach in determining the maceral (kerogen type) and mineralogical composition of Upper Cretaceous Eagle Ford Formation:impact on pore development and pore size distribution[J].International journal of coal geology,2017,171:93-110.

[147] CHAPMAN R E.Effects of oil and gas accumulation on water movement[J].AAPG bulletin,1982,66(3):368-374.

[148] CONNAN J.Time-temperature relation in oil genesis[J].AAPG bulletin,1974,58

(12):2516-2521.

[149] DOW W G.Application of oil correlation and source rock data to exploration in Williston basin[J].AAPG bulletin,1972,7(58):1253-1262.

[150] DURAND B.Kerogen-insoluble organic matter from sedimentary rocks[M].Paris: Editions Technip,1980.

[151] ENGLAND W A,MACKENZIE A S,MANN D M,et al.The movement and entrapment of petroleum fluids in the subsurface[J].Journal of the geological society, 1987,144(2):327-347.

[152] GLASSPOOL I J,SCOTT A C,WALTHAM D,et al.The impact of fire on the Late Paleozoic Earth system[J].Frontiers in plant science,2015,6:1-13.

[153] GLASSPOOL I J,SCOTT A C.Phanerozoic concentrations of atmospheric oxygen reconstructed from sedimentary charcoal[J].Nature geoscience,2010,3(9):627-630.

[154] GUO Y,BUSTIN R M.FTIR spectroscopy and reflectance of modern charcoals and fungal decayed woods:implications for studies of inertinite in coals[J].International journal of coal geology,1998,37(1/2):29-53.

[155] GUSSOW W C.Differential entrapment of oil and gas:a fundamental principle[J]. AAPG bulletin,1954,38:816-853.

[156] HAMILTON P J,KELLEY S P,FALLICK A E.K-Ar dating of illite in hydrocarbon reservoirs[J].Clay minerals,1989,24(2):215-231.

[157] HOU H H,SHAO L Y,TANG Y,et al.Quantitative characterization of low-rank coal reservoirs in the southern Junggar Basin, NW China: implications for pore structure evolution around the first coalification jump[J].Marine and petroleum geology,2020,113:104165.

[158] HUNT J M.Generation and migration of petroleum from abnormally pressured fluid compartments[J].AAPG bulletin,1990,74(1):1-12.

[159] HUNT J M.Petroleum geochemistry and geology[M].San Francisco:W.H.Freeman,1979.

[160] HUNT J M.Petroleum geochemistry and geology[M].2nd ed.New York:W.H.Freeman,1996.

[161] ICCP.The new inertinite classification(ICCP System 1994)[J].Fuel,2001,80(4): 459-471.

[162] ICCP.The new vitrinite classification(ICCP System 1994)[J].Fuel,1998,77(5): 349-358.

[163] JIANG J Y,YANG W H,CHENG Y P,et al.Pore structure characterization of coal particles via MIP,N_2 and CO_2 adsorption:effect of coalification on nanopores evolution[J].Powder technology,2019,354:136-148.

[164] LAW B E.Basin-centered gas systems[J].AAPG bulletin,2002,86(11):1891-1920.

[165] LEYTHAEUSER D,MACKENZIE A,SCHAEFER R G,et al.A novel approach for

recognition and quantification of hydrocarbon migration effects in shale-sandstone sequences[J].AAPG bulletin,1984,68(2):196-219.

[166] LEYTHAEUSER D,RÜCKHEIM J.Heterogeneity of oil composition within a reservoir as a reflection of accumulation history[J].Geochimica et cosmochimica acta,1989,53(8):2119-2123.

[167] LEYTHAEUSER D,SCHAEFER R G,YUKLER A.Role of diffusion in primary migration of hydrocarbons[J].AAPG bulletin,1982,66(4):408-429.

[168] MACGREGOR D S.Factors controlling the destruction or preservation of giant light oilfields[J].Petroleum geoscience,1996,2(3):197-217.

[169] MAGOON B,DOW W G.The petroleum system:from source to trap[J].AAPG bulletin,1991,14(3):627.

[170] MASTER J A.Deep basin gas trap,Westerm Canada[J].AAPG bulletin,1979,63(2):152-181.

[171] MISCH D,GROSS D,HUANG Q,et al.Light and trace element composition of Carboniferous coals from the Donets Basin(Ukraine):an electron microprobe study[J].International journal of coal geology,2016,168:108-118.

[172] NIE M L,WEN Z X,WANG Z M,et al.Genesis and evaporative fractionation of subsalt condensate in the northeastern margin of the Amu Darya Basin[J].Journal of petroleum science and engineering,2020,188:106674.

[173] OBERLIN A.Carbonization and graphitization[J].Carbon,1984,22(6):521-541.

[174] PERRODON A.Petroleum systems:models and applications[J].Journal of petroleum geology,1992,15(3):319-326.

[175] PETERS K E,MOLDOWAN J M,SUNDARARAMAN P.Effects of hydrous pyrolysis on biomarker thermal maturity parameters:Monterey Phosphatic and Siliceous members[J].Organic geochemistry,1990,15(3):249-265.

[176] PETERS K E,WALTERS C C,MOLDOWAN J M.The biomarker guide:biomarkers and isotopes in petroleum system and earth history[M].Cambridge:Cambridge University Press,2005.

[177] PETERS K E.Guidelines for evaluating petroleum source rock using programmed pyrolysis[J].AAPG bulletin,1986,70(3):318-329.

[178] PRATSCH J C.Gasfields,NW Germany Basin:secondary gas migration as a major geologic parameter[J].Journal of petroleum geology,1983,5(3):229-244.

[179] PRATSCH J C.Vertical hydrocarbon migration:a major exploration parameter[J].Journal of petroleum geology,1991,14(4):429-444.

[180] RANTITSCH G,LAMMERER W,FISSLTHALER E,et al.On thediscrimination of semi-graphite and graphite by Raman spectroscopy[J].International journal of coal geology,2016,159:48-56.

[181] ROBECK E,HUO D.A more accurate method for estimating in situ coal density and mineral matter from ash and specific energy determinations[J].International journal of coal geology,2016,168:237-252.

[182] SCOTT A C.Charcoal recognition,taphonomy and uses in palaeoenvironmental analysis[J].Palaeogeography palaeoclimatology palaeoecology,2010,291(1/2):11-39.

[183] SING K S W.Reporting physisorption data for gas/solid systems with special reference to the determination of surface area and porosity(Provisional)[J].Pure and applied chemistry,1982,54(11):2201-2218.

[184] SNOWDON L R,POWELL T G.Immature oil and condensates-modification of hydrocarbon generation model for terrestrial organic matter[J].AAPG bulletin,1982,66(6):755-788.

[185] SYKOROVÁ I,PICKEL W,CHRISTANIS K,et al.Classification of huminite—ICCP system 1994[J].International journal of coal geology,2005,62(1/2):85-106.

[186] TISSOT B P,PELET R,UNGERER P.Thermal history of sedimentary basins,maturation indices and kinetics of oil and gas generation[J].AAPG bulletin,1987,71(12):1445-1466.

[187] ZHAO J L,TANG D Z,QIN Y,et al.Fractal characterization of pore structure for coal macrolithotypes in the Hancheng area,southeastern Ordos Basin,China[J].Journal of petroleum science and engineering,2019,178:666-677.

[188] ZHOU S D,LIU D M,KARPYN Z T,et al.Effect of coalification jumps on petrophysical properties of various metamorphic coals from different coalfields in China[J].Journal of natural gas science and engineering,2018,60:63-76.

图　　版

图版 I

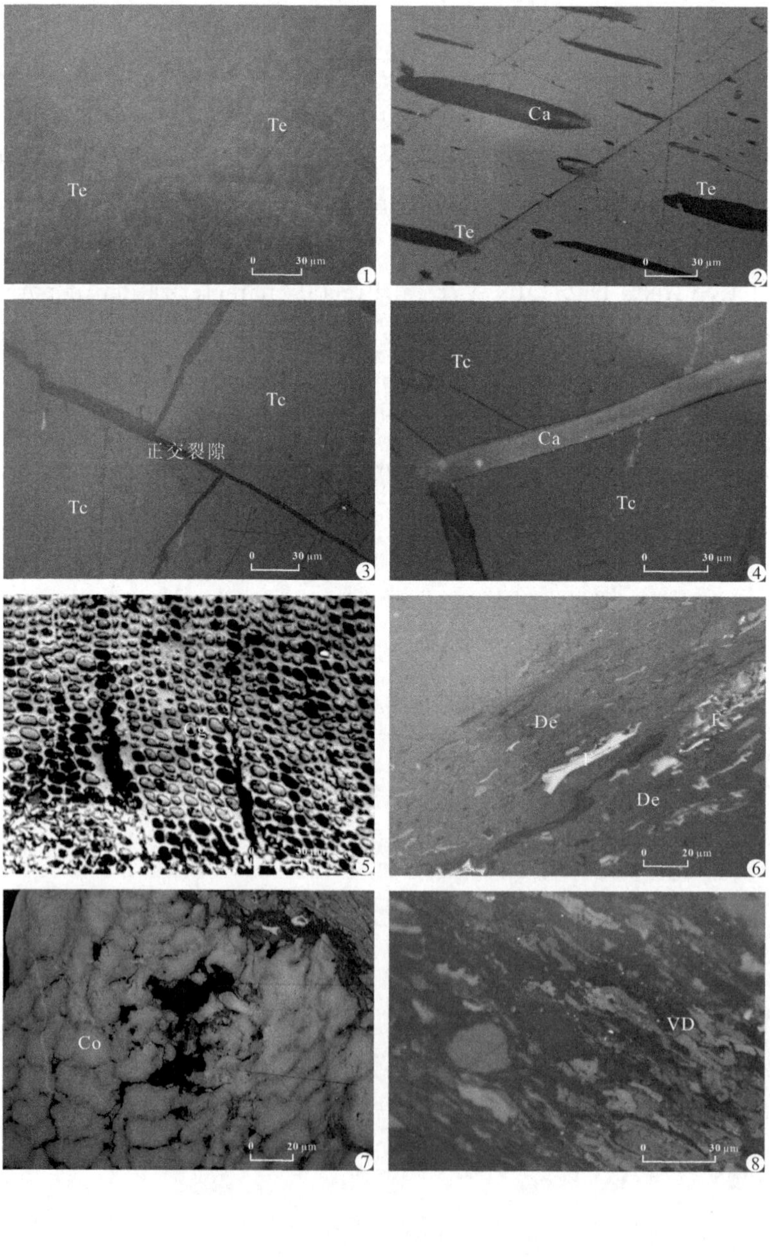

图版Ⅱ

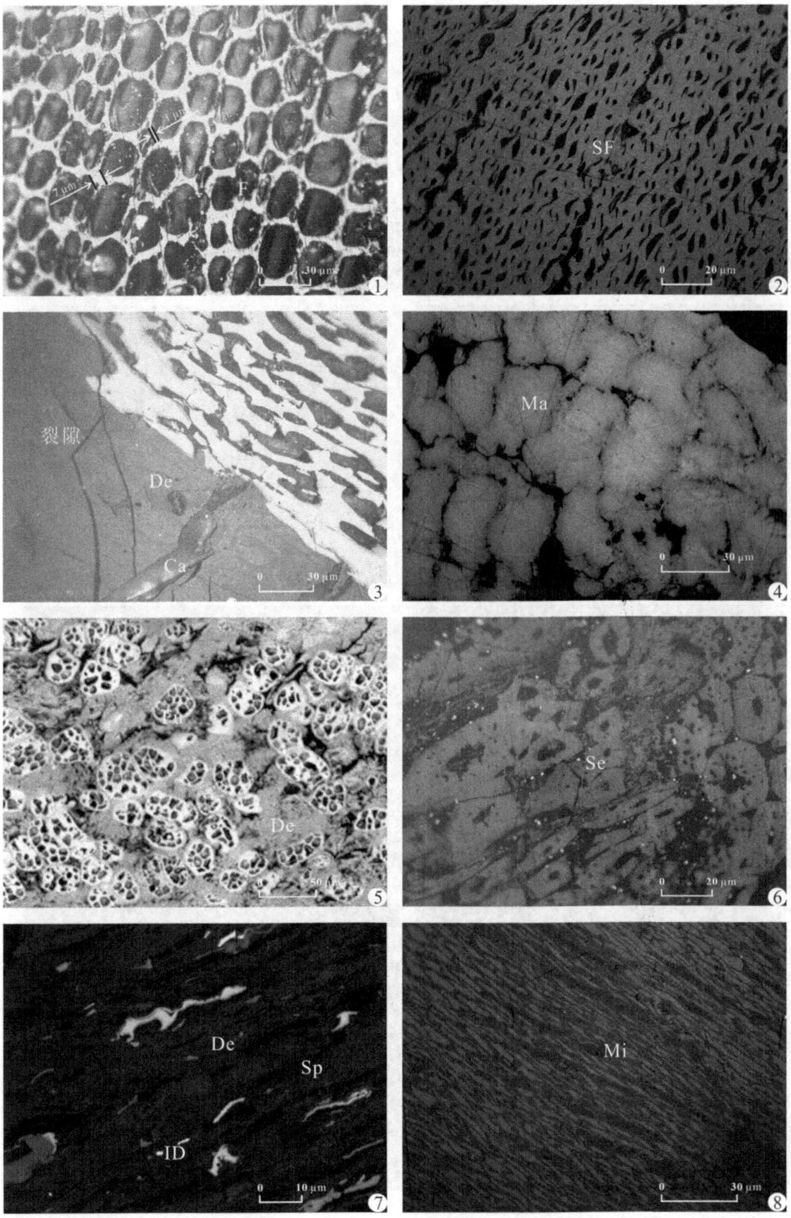
7 μm
F
0 30 μm
1
SF
0 20 μm
2
裂隙
De
Ca
0 30 μm
3
Ma
0 30 μm
4
De
0 50 μm
5
Se
0 20 μm
6
De
Sp
ID
0 10 μm
7
Mi
0 30 μm
8

图版Ⅲ

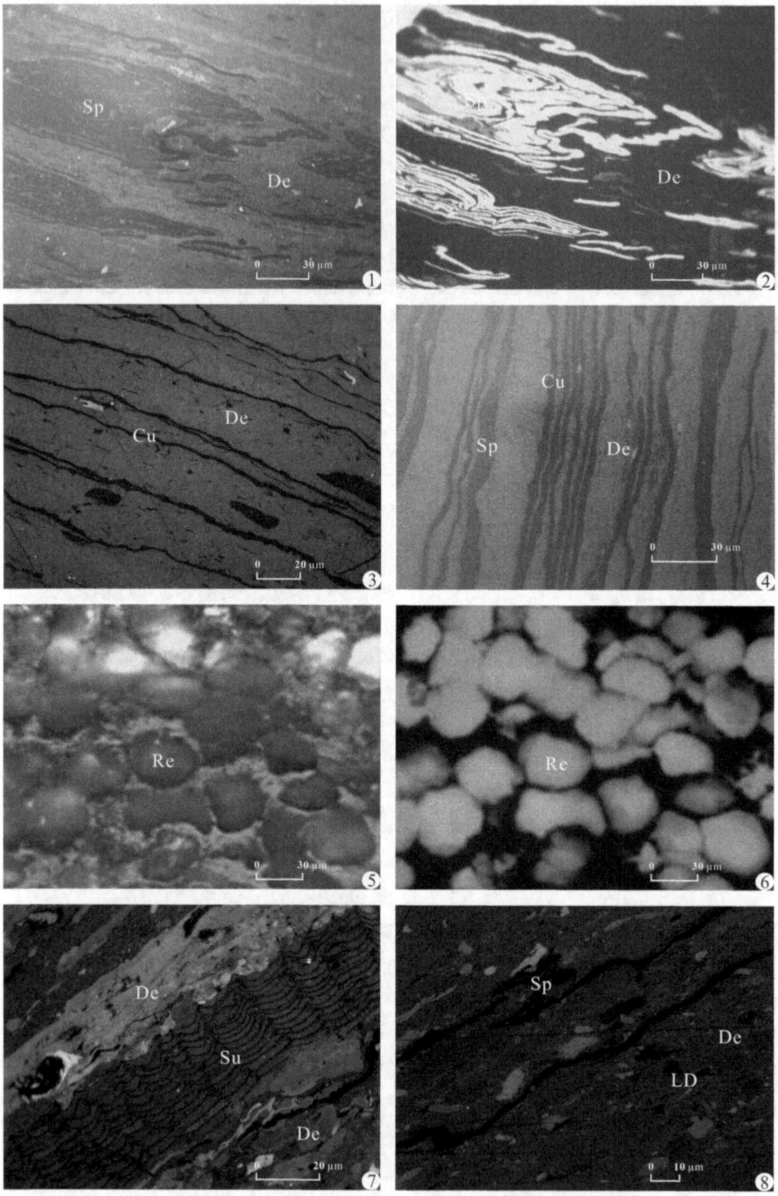

图版Ⅰ～Ⅲ高清彩图可扫描以下二维码获得：

图版Ⅰ　　图版Ⅱ　　图版Ⅲ

图版说明：

一、图版Ⅰ说明

1. 结构镜质体1，准噶尔盆地南缘，中侏罗统西山窑组。
2. 结构镜质体2、方解石，沁水煤田余吾矿，下二叠统山西组。
3. 均质镜质体、正交裂隙，准噶尔盆地南缘，中侏罗统西山窑组。
4. 均质镜质体、方解石，准噶尔盆地南缘，中侏罗统西山窑组。
5. 胶质镜质体，贵州盘县晚二叠世烟煤（代世峰等，2021a）。
6. 基质镜质体、丝质体，准噶尔盆地南缘，中侏罗统西山窑组。
7. 团块镜质体，准噶尔盆地南缘，中侏罗统西山窑组。
8. 碎屑镜质体，沁水煤田余吾矿，下二叠统山西组。

二、图版Ⅱ说明

1. 丝质体，准噶尔盆地南缘，下侏罗统八道湾组。
2. 半丝质体，准噶尔盆地南缘，中侏罗统西山窑组。
3. 基质镜质体、半丝质体、方解石、裂隙，准噶尔盆地南缘，中侏罗统西山窑组。
4. 粗粒体，准噶尔盆地南缘，中侏罗统西山窑组。
5. 菌类体、基质镜质体，云南临沧新近纪褐煤（代世峰等，2021b）。
6. 分泌体，准噶尔盆地南缘，上三叠统郝家沟组。
7. 碎屑惰质体、基质镜质体、孢子体，准噶尔盆地南缘，中侏罗统西山窑组。
8. 微粒体，准噶尔盆地南缘，中侏罗统西山窑组。

三、图版Ⅲ说明

1. 孢子体、基质镜质体，准噶尔盆地南缘，中侏罗统西山窑组。
2. 孢子体（荧光）、基质镜质体，准噶尔盆地南缘，中侏罗统西山窑组。
3. 角质体、基质镜质体，准噶尔盆地南缘，中侏罗统西山窑组。
4. 孢子体、角质体、基质镜质体，准噶尔盆地南缘，中侏罗统西山窑组。
5. 树脂体，弥勒盆地，云南弥勒新近纪褐煤（代世峰等，2021c）。
6. 树脂体（荧光），云南弥勒新近纪褐煤（代世峰等，2021c）。
7. 木栓质体、基质镜质体，准噶尔盆地南缘，中侏罗统西山窑组。
8. 碎屑壳质体、基质镜质体、孢子体，准噶尔盆地南缘，中侏罗统西山窑组。

更多显微煤岩组分特征介绍及镜下照片扫描以下二维码（①—镜质组，②—惰质组，③—壳质组）。

①　②　③

附录　汉英煤及油气地质学常用词汇

A

暗淡型煤 dull coal
暗煤 durain
坳陷 depression

B

白垩纪 Cretaceous Period
白云石 dolomite
半丝质体 semi-fusinite
半无烟煤 semi-anthracite
半亮型煤 semi-bright coal
半暗型煤 semi-dull coal
伴生气 associated gas
搬运作用 transportation
孢粉相 palynofacies
孢粉颜色指数 pollen coloration index (PCI)
孢子体 sporinite
暴露间断面 exposure hiatus
贝壳状断口 conchoidal fracture
背斜 anticline
被子植物 angiosperm
比表面积 specific surface area
闭合面积 closed area
闭合高度 closed height
辫状河 braided river
辫状河三角洲 braided river delta
变质岩 metamorphic rock
变质作用 metamorphism
变质程度 metamorphism degree
冰室气候 icehouse climate
剥蚀区 denudation area
不黏煤 non-caking coal
不整合面 unconformity surface

C

差异聚集 differential accumulation
残植煤 liptobiolite
参数井 parameter well
测井 well logging
侧链 side chain
层序地层学 sequence stratigraphy
层序界面 sequence boundary
层状构造 bedded structure
次生矿物 secondary minerals
次生孔隙 secondary porosity
磁性 magnetism
粗粒体 macrinite
脆度 brittleness
脆性结构煤 brittle structure coal
长石 feldspar
长焰煤 long-flame coal
超厚煤层 extra-thick coals
潮湿森林沼泽 moist forest swamp
沉积岩 sedimentary rocks
沉积物 sediment
沉积相 sedimentary facies
沉积构造 sedimentary structure
沉积盆地 sedimentary basin
沉积环境 sedimentary/depositional environment
沉积有机质 sedimentary organic matter
成矿作用 mineralization
成熟度 maturity
成岩作用 diagenesis
成煤沉积环境 coal-forming environment
成因机制 formation mechanism

成煤作用 coal forming activity
赤铁矿 hematite
重结晶作用 recrystallization
充满系数 fullness coefficient
冲积扇 alluvial fan
储集层 reservoir
储集岩 reservoir rock
储集空间 reservoir space
储层压力 reservoir pressure
储层物性 reservoir physical property
初始海泛面 initial flooding surface
初次运移 primary migration
垂向裂隙 vertical fracture

D

大孔 macropore
单相流 single-phase flow
单井产量 single well production
淡水沼泽 freshwater swamp
导电性 electrical conductivity
导热性 thermal conductivity
地层 strata
地层学 stratigraphy
地壳运动 crustal movement
地热梯度 geothermal gradient
地表火 surface fire
地面火 ground fire
地下煤气化 underground coal gasification
地质构造 geological structure
低挥发分煤 low-volatile coal
低温氮气吸附 low temperature nitrogen adsorption
低位体系域 low-stand systems tract
低阶煤 low-rank coal
底水 bottom water
电阻率测井 resistivity log
动力变质作用 dynamic metamorphism
断层 fault
堆积速率 accumulation rate
惰质组 inertinite
多环芳烃 polycyclic aromatic hydrocarbons (PAHs)
多相流 multiple-phase flow

E

二次运移 secondary migration
二叠纪 Permian period
二氧化碳地质封存 CO_2 geological storage
二氧化碳强化煤层气开发 CO_2 enhanced coalbed methane recovery(CO_2-ECBM)

F

发热量 caloricity
方解石 calcite
肥煤 fat coal
非均一化 heterogenize
非常规天然气 unconventional natural gas
非常规油气藏 unconventional oil and gas reservoir
分辨率 resolution
分异作用 differentiation
分选性 sorting
分泌体 secretinite
粉砂岩 siltstone
风化作用 weathering
富养沼泽/低位沼泽 eutrophic swamp
富煤带 coal-rich zone
腐植煤 humic coal
腐植酸 humic acid
腐泥煤 sapropelic coal
腐泥化作用 putrefaction
腐植腐泥煤 humosapropelic coal
复合油气藏 composite oil-gas reservoir
浮游生物 plankton

G

盖层 caprock/capping bed
干酪根 kerogen
干燥基 dry basis
干燥无灰基 dry ash-free basis
干燥森林沼泽 dry forest swamp
干气 dry gas

冈瓦纳古陆 Gondwana Land
高岭石 kaolinite
高岭石泥岩夹矸 tonstein
高位体系域 high-stand system tract
高挥发性 high-volatile
高挥发分煤 high-volatile coal
高压压汞 high pressure mercury injection
高阶煤 high-rank coal
割理 cleat
根土岩 root clay
工业分析 proximate analysis
构造单元 tectonic unit
构造地质学 structural geology
构造格架 tectonic framework
构造煤 deformed coal
构造油气藏 structural oil-gas reservoir
古近纪 Paleogene period
古气候 paleoclimate
古构造 paleostructure
古地理 paleogeography
古环境 paleoenvironment
古土壤 paleosoil
古水流 paleocurrent
古生物 ancient life
古植物 ancient plant
古潜山油气藏 buried-hill hydrocarbon reservoir
固定碳 fixed carbon
关键界面 key boundary
光谱分析 spectral analysis
光泽 luster
光学显微镜 optical microscopy
光合作用 photosynthesis
光亮型煤 bright coal
硅质矿物 silica mineral
果胶质 pectic substances

H

含煤岩系 coal-bearing strata
含煤建造 coal-bearing formation
含油气面积 oil and gas-bearing area
含油气盆地 oil and gas-bearing basin
含油气系统 oil and gas-bearing system
含氧官能团 oxygen-containing functional groups
含气饱和度 gas saturation
含气量 gas content
海泛面 flooding surface
海侵体系域 transgressive system tract
海绿石 glauconite
海平面 sea level
海绵岩 spongolite
海侵聚煤作用 transgressive coal accumulation
海退聚煤作用 regressive coal accumulation
褐煤 brown coal;lignite
褐铁矿 limonite
河流聚煤环境 fluvial coal-accumulating environment
河口湾聚煤环境 estuarine coal-accumulating environment
核磁共振 nuclear magnetic resonance(NMR)
黑沥青煤 albertite coal
黑炭 black carbon
湖泊聚煤环境 lacustrine coal-accumulating environment
琥珀煤 amber coal
化学成分 chemical composition
化学风化作用 chemical weathering
黄铁矿 pyrite
挥发分 volatile
灰分产率 ash yield
宏观煤岩描述 macroscopic coal description
宏观裂隙 macrofracture

J

基质支撑 matrix supported
基底式胶结 basement cement
基准面 base level
基质镜质体 desmocollinite

甲烷等温吸附 methane isothermal adsorption
剪应力 shear stress
焦煤 coking coal
角质体 cutinite
胶质镜质体 gelocollinite
镜质体反射率 vitrinite reflectivity(R_o)
巨厚煤层 anomalously thick coal seam
局部盖层 local seal/caprock
蕨类植物 fern
绝对孔隙度 absolute porosity
菌类体 funginite
均一状结构 homogeneous structure
均质镜质体 telocollinite

K

可燃有机岩 combustible organic rock
可容空间 accommodation space
可磨性 grindability
颗粒支撑 grain supported
克拉通盆地 craton basin
块状构造 massive structure
矿物成分 mineral composition
矿井水 mine water
扩散作用 diffusion
孔隙度 porosity
孔隙式胶结 porous cement
孔隙结构 pore structure
孔体积 pore volume
孔喉 pore throat
空气干燥基 air-dry basis
空气孔隙度 air porosity

L

沥青质体 bituminite
粒间孔隙度 intergranular porosity
粒状结构 grained structure
砾岩 conglomerate
连通性 connectivity
亮煤 clarain
裂谷盆地 rift basin
裂隙/裂缝 fracture
棱角状 angular
菱铁矿 siderite
硫分含量 sulphur content
流体包裹体 fluid inclusion
临界压力 critical pressure
露头 outcrop
露天开采 outcrop mining
铝土矿 bauxite
隆起 uplift
陆源碎屑物质 terrigenous detrital minerals
陆相断陷盆地 terrestrial fault basin
裸子植物 gymnosperm

M

埋藏深度 buried depth
幔源气 mantle source gas
煤 coal
煤垩 alum coal
煤层 coal seam
煤层气 coalbed methane(CBM)
煤层气储层模拟 CBM reservoir simulation
煤层气勘探与开发 CBM exploration and development
煤层底板 coal seam floor
煤层顶板 coal seam roof
煤大分子结构 coal macromolecular structure
煤地质学 coal geology
煤矸石 coal gangue
煤核 coal ball
煤储层 coal reservoir
煤化作用 coalification
煤化跃变 coalification jump
煤成(型)气 coal-formed gas
煤精 jet
煤级 coal rank
煤聚集规律 coal-accumulating rule
煤田 coalfield
煤炭地下气化 underground coal gasification

煤系气 coal measure gas
煤线 coal streak
煤相 coal facies
煤岩学 coal petrology
煤与瓦斯突出 coal and gas outburst
煤质评价 coal quality evaluation
煤自燃 coal spontaneous combustion
蒙脱石 montmorillonite
密度 density
米兰科维奇旋回 Milankovitch cycles
糜棱结构煤 mylonitized coal
木栓质体 suberinite
木质素 lignine
木质状结构 woody structure
目的层 target horizon

N

内生裂隙 endogenic crack
内在水分 inherent moisture
泥浆 slurry
泥炭地 peatland
泥炭沼泽 peat moor/swamp
泥炭化 peatification
泥岩 mudstone
黏土矿物 clay mineral
黏度 viscosity
凝胶化指数 gelification index
凝胶化作用 gelification
凝析油 condensate oil
凝析气 condensate gas
凝析体系 condensate system

P

排采 extraction
排替压力 displacement pressure
排烃 hydrocarbon expulsion
排烃门限 hydrocarbon expulsion threshold
贫煤 meager coal
贫瘦煤 meager lean coal
贫养沼泽/高位沼泽 oligotrophic swamp

Q

气肥煤 gas-fat coal
气煤 gas coal
气体搬运作用 gas transportation
气-水界面 gas and water interface
气顶 gaseous cap
壳质组 exinite
侵蚀区 erosional area
侵入岩 intrusive rocks
氢指数 hydrogen index(HI)
区域变质作用 regional metamorphism
区域盖层 regional seal/caprock
曲流河 meandering river
圈闭 trap
缺氧 anoxia

R

热接触变质作用 thermal contact metamorphism
热传导 heat conduction
热辐射 heat radiation
韧性结构煤 ductile structure coal
溶解度 solubility
溶解物质 dissolved matter
溶解作用 dissolution
溶解气 dissolved gas
弱黏煤 weakly caking coal

S

三角洲聚煤环境 deltaic coal-accumulating environment
三叠纪 Triassic Period
扫描电子显微镜 scanning electron microscope(SEM)
砂岩 sandstone
砂岩透镜体 sandstone lens
扇三角洲 fan delta
渗透率 permeability
渗出沥青体 exsudatinite
渗流孔 seepage pore
深成变质作用 plutonic metamorphism

深源气 deep source gas
生储盖组合 source-reservoir-cap combination
生烃 hydrocarbon generation
生烃门限 hydrocarbon generation threshold
生油窗 oil-generating window
生油死亡线 oil-generating death line
生物气 biogenic gas
生物碎屑 bioclastic
生物礁油气藏 organic reef oil and gas reservoir
生产井 producing well
石煤 stone coal
石藻 coccoliths
石墨 graphite
石墨化作用 graphitization
石油地质学 petroleum geology
石油工程 petroleum engineering
石英 quartz
石灰岩 limestone
石炭纪 Carboniferous period
视密度 apparent density
试井 well testing
试采 production testing
湿气 wet gas
树脂体 resinite
树脂残植煤 resin liptobiolite
树皮体 barkinite
树皮残植煤 bark liptobiolite
树冠火 crown fire
双反射 double reflectance
碎屑结构 clastic texture
碎屑物 clastics
碎屑镜质体 vitrodetrinite
碎屑惰质体 inertodetrinite
碎屑壳质体 liptodetrinite
碎裂结构 cataclastic texture
碎裂结构煤 cataclastic coal
碎粒结构煤 granulated coal
水平层理 horizontal bedding
水解作用 hydrolysis
水分含量 moisture content
水动力油气藏 hydrodynamic oil and gas reservoir
瘦煤 lean coal
收到基 received basis
丝炭 charcoal
丝炭层 fusain layer
丝炭化作用 fusinization
丝质体 fusinite
丝质体反射率 fusinite reflectance

T

弹性 elasticity
碳循环 carbon cycle
碳质页岩 carbonaceous shale
碳中和 carbon neutralization
碳减排 carbon reduction
碳封存 carbon sequestration
碳捕获、利用和封存 carbon capture utilization and storage (CCUS)
探井 prospecting well
特提斯海 Tethys ocean
天然焦 natural coke
天然气 natural gas
天然气水合物(可燃冰)natural gas hydrate(NGH)
条带状结构 banded structure
烃源岩 hydrocarbon source rock;source rock
同位素地球化学 isotope geochemistry
透射电子电镜 transmission electron microscope(TEM)
凸镜状结构 lenticular structure
团块镜质体 corpocollinite

W

瓦斯爆炸 gas explosion
晚三叠世聚煤期 Late Triassic Coal-accumulating Period
晚二叠世聚煤期 Late Permian Coal-accumulating Period

完井 well completion
外生(构造)裂隙 exogenetic fracture
微粒体 micrinite
微孔 micropore
微孔体积 micropore volume
微量元素 trace elements
微裂隙 microfracture
围岩 surrounding rock
稳定组/类脂组 liptinite
温度 temperature
温室气候 greenhouse climate
稳定同位素 stable isotope
无烟煤 anthracite
无定形体 amorphous
无结构镜质体 collinite
无机成因论 inorganic origin theory
物源区 provenance

X

吸附作用 adsorption
吸附孔 adsorption pore
吸附气 adsorbed gas
稀土元素 rare earth elements
希尔特定律 Hilt's law
纤维素 cellulose
纤维状结构 fibrous structure
显微煤岩组分 coal macerals
咸水沼泽 saltwater swamp
线理状结构 linear structure
向斜 syncline
相对渗透率 relative permeability
相对孔隙度 relative porosity
小孔/过渡孔 transitional pore

Y

压力 pressure
压实作用 compaction effect
压汞测孔 mercury intrusion porosimetry (MIP)
压裂 fracturing
压缩性 compressibility
亚烟煤 subbituminous coal
岩浆岩 magmatic rocks
岩浆变质作用 magma metamorphism
岩石学 petrology
岩石热解 rock pyrolysis
岩性油气藏 lithologic oil and gas reservoir
烟煤 bituminous coal
淹没间断面 flooding hiatus
氧循环 oxygen cycle
氧化作用 oxidation
氧指数 oxygen index(OI)
页岩 shale
页岩气 shale gas
页岩油 shale oil
野火 wildfire
叶片状结构 paper sheet structure
油气聚集带 oil and gas accumulation zone
油气田 oil and gas field
油气运移 oil and gas migration
油气聚集 oil and gas accumulation
油气藏类型 oil and gas reservoir type
油气藏破坏 oil and gas reservoir destruction
油气资源量 oil and gas resources
油气储量 petroleum reserves
油气地球化学 petroleum and gas geochemistry
油气显示 oil and gas indication
油(气)水边界 oil-gas-water boundary
油页岩 oil shale
油型气 oil-type gas
油源对比 oil-source correlation
油砂 oil sand
铀矿 uranium
游离气 free gas
有机质 organic matter
有机质丰度 organic matter abundance
有机相 organic facies
原油 crude oil
原生孔隙 primary porosity

原地堆积 in-situ accumulation
原生结构煤 primary coal
约代尔旋回 Yoredale cycle
异地堆积 allochthonous accumulation
异常高压 abnormal high pressure
异常低压 abnormal low pressure
伊利石 illite
溢出点 spill point
硬度 hardness
荧光体 fluorinate

Z

杂基 matrix
早白垩聚煤期 Early Cretaceous Coal-accumulating Period
早-中侏罗聚煤期 Early-Middle Jurassic Coal-accumulating Period
藻类体 alginate
张应力 tensile stress
褶皱 fold
自然伽马测井 natural gamma-ray log
自然电位测井 spontaneous potential log
自生矿物 authigenic minerals
资源评价 resource evaluation
植物组织保存指数 tissue preservation index (TPI)
致密气 tight gas
总孔容/总孔隙体积 total pore volume
中阶煤 middle-rank coal
中孔 mesopore
折射率 refractive index
真密度 skeletal density
致密油气藏 tight oil/gas reservoir
致密砂岩气 tight sandstone gas
直接盖层 direct cap
侏罗纪 Jurassic period
钻井 well drilling
钻井工程 drilling engineering
钻孔 drilling hole
烛煤 cannel coal
总有机碳 total organic carbon(TOC)